工业机器人
基本操作与现场编程

庞广信 主编
张延武 宋立国 副主编

化学工业出版社
·北 京·

内 容 提 要

《工业机器人基本操作与现场编程》以ABB品牌工业机器人为对象，用任务驱动的形式，讲解工业机器人基本操作和现场编程，内容共包含6个任务，分别是机器人基本知识、ABB六轴工业机器人基本操作、ABB机器人的程序数据与简单编程、工业机器人打磨工作站现场编程、工业机器人搬运工作站现场编程和工业机器人CNC上下料工作站现场编程。任务组织由浅入深，层层深入，为后续学习工业机器人系统集成做基础性训练。

本书可作为中等职业学校、技师学院工业机器人技术应用、工业机器人应用与维护等专业的教材，也可供高职院校工业机器人技术专业的师生和工业机器人系统操作员、智能制造工程技术人员等相关技术人员参考和培训使用。

图书在版编目（CIP）数据

工业机器人基本操作与现场编程/庞广信主编. —北京：化学工业出版社，2020.8
ISBN 978-7-122-36844-7

Ⅰ.①工… Ⅱ.①庞… Ⅲ.①工业机器人-操作-高等职业教育-教材②工业机器人-程序设计-高等职业教育-教材 Ⅳ.①TP242.2

中国版本图书馆CIP数据核字（2020）第080244号

责任编辑：张绪瑞 刘 哲　　装帧设计：史利平
责任校对：杜杏然

出版发行：化学工业出版社（北京市东城区青年湖南街13号 邮政编码100011）
印　　装：大厂聚鑫印刷有限责任公司
787mm×1092mm 1/16 印张12 字数296千字 2020年9月北京第1版第1次印刷

购书咨询：010-64518888　　售后服务：010-64518899
网　　址：http://www.cip.com.cn
凡购买本书，如有缺损质量问题，本社销售中心负责调换。

定　　价：36.00元

前　言

工业机器人作为现代工业的三大支柱之一，是先进制造业中不可替代的重要装备和手段，工业机器人综合水平的高低已成为衡量一个国家制造业水平和科技水平的重要标志。我国正处于产业加快转型升级的重要时期，以工业机器人为主体的机器人产业，正是破解我国产业成本上升、环境制约等问题的重要路径选择。随着我国“机器换人”计划的不断推进，智能制造水平逐渐升级，工业机器人在“消灭掉”简单重复劳动岗位的同时，也滋生出工业机器人生产、销售、集成和维护等诸多相关岗位。为服务我国制造业产业升级，配合全面贯彻国家职业教育改革实施方案，持续推进教材、教法改革，提升职业教育质量，配合工学结合和行动导向教学的需要，特编写此工业机器人教材。

本教材以 ABB 品牌工业机器人为对象，用任务驱动的形式，讲解工业机器人的基本操作和现场编程，使读者完成工业机器人的操作、参数配置及简单的离线编程和系统集成。本教材可用于工业机器人应用与维护专业、电气和机电类相关专业工业机器人基本操作拓展的学习和训练，亦可用于工业机器人基本操作的培训。

本教材以任务驱动的形式组织内容，共包含 6 个任务，分别是机器人基本知识、ABB 六轴工业机器人基本操作、ABB 机器人的程序数据与简单编程、工业机器人打磨工作站现场编程、工业机器人搬运工作站现场编程和工业机器人 CNC 上下料工作站现场编程。任务组织由浅入深，层层深入，为后续学习工业机器人系统集成做基础性训练。

本教材由庞广信主编，张延武和宋立国担任副主编，玉柴机器股份有限公司陈宏林主审，杨瀚、李军、戴智鑫、杨明和廖智如参加了编写工作。

因编者水平有限，书中难免有疏漏之处，恳请读者批评指正。

编　者

目 录

任务一 机器人基本知识 1

【学习准备】 1
一、机器人的产生与发展 1
（一）最早的机器人 1
（二）现代机器人 2
（三）机器人发展趋势 3
二、机器人的定义 4
三、机器人分类 5
（一）按发展时期分类 5
（二）按几何机构分类 5
（三）按机器人的驱动方式分类 6
（四）按机器人的用途分类 7
四、工业机器人系统的基本结构 10
（一）工业机器人的基本组成 10
（二）工业机器人系统的机械结构 11
（三）工业机器人的定义与分类 13
【任务实施】 15

任务二 ABB六轴工业机器人基本操作 16

【学习准备】 16
一、安全注意事项 16
（一）ABB 工业机器人常见安全标识 16
（二）急停按钮的使用 20
（三）机器人安装和检修工作期间的安全风险 21
二、示教器认识——配置必要的操作环境 22
（一）示教器外在构造以及操纵示教器的正确姿势 22
（二）设定示教器的显示语言 23
（三）设定机器人系统时间 25
三、查看机器人常用信息与事件日记 26
四、ABB 机器人数据的备份与恢复 27
（一）对 ABB 机器人数据进行备份的操作 27

（二）对 ABB 机器人数据进行恢复 …… 29
五、ABB 机器人的手动操纵 …… 31
（一）机器人单轴运动的手动操纵 …… 31
（二）线性运动的手动操纵 …… 35
（三）重定位运动的手动操纵 …… 39
（四）ABB 机器人的转数计数器更新操纵 …… 42
六、关机 …… 49
【知识拓展】…… 50
一、增量模式 …… 50
二、机器人坐标系 …… 51
【任务实施】…… 54
任务三 ABB机器人的程序数据与简单编程 55
【学习准备】…… 55
一、程序数据 …… 55
（一）程序数据的定义 …… 55
（二）程序数据的类型分类与存储类型 …… 55
（三）三个关键程序数据的设定 …… 62
二、RAPID 程序的编写、调试、运行 …… 77
（一）程序模块与例行程序 …… 77
（二）在示教器上进行指令编程的基本操作 …… 78
（三）机器人运动指令 …… 87
【任务实施】…… 90
任务四 工业机器人打磨工作站现场编程 93
【学习准备】…… 93
一、条件逻辑判断指令 …… 94
二、ProcCall 调用例行程序指令 …… 106
三、Stop 指令 …… 110
四、新建模块及例行程序 …… 112
【任务实施】…… 116
任务五 工业机器人搬运工作站现场编程 119
【学习准备】…… 119
一、ABB 机器人的 I/O 通信 …… 119
（一）I/O 通信接口基本介绍 …… 119
（二）ABB 标准 I/O 板说明 …… 120
（三）ABB DSQC652 板配置 …… 123

二、指令讲解 ······ 140
（一）赋值指令 ······ 140
（二）I/O 控制指令 ······ 146
（三）功能的使用 ······ 148
【知识拓展】 ······ 152
【任务实施】 ······ 156

任务六 工业机器人CNC上下料工作站现场编程 162

【学习准备】 ······ 163
一、数控系统输入输出、工业机器人与 PLC 之间 I/O 信号的关联 ······ 163
二、指令讲解 ······ 164
三、数控机床的开关机 ······ 166
【知识拓展】 ······ 168
一、数控车床接口信号 ······ 168
二、PLC 与数控车床信号说明 ······ 169
【任务实施】 ······ 170

参考文献 185

任务一 机器人基本知识

能力目标

1. 能阐述机器人的发展历史。

2. 通过观察实验室或企业里的机器人，能阐述工业机器人的基本结构，能准确判断各单轴的运动。

3. 能通过小组合作的方式，制作一个 PPT 文件，向企业员工进行工业机器人基本知识的宣讲。

工作任务描述

现公司业务部即将到某企业洽谈一项自动化生产线改造工作，但因该企业技术人员对机器人了解不深，因此，公司派你与业务员共同制作一个 PPT 演讲稿，为该企业技术人员及操作工进行工业机器人基本知识的普及。

【学习准备】

一、机器人的产生与发展

（一）最早的机器人

世界上最早的机器人诞生在中国。《列子・汤问篇》中记载西周穆王时期，有位叫偃师的能工巧匠制作了一个“能歌善舞”的木质机关人，这是我国记载最早的机器人。据《墨经》记载，著名的木匠鲁班，曾制造过一只木鸟，能在空中飞行“三日不下”。汉朝发明的指南车（见图 1-1），三国时期诸葛亮设计制作的“木牛流马”等，都是世界上最早期的机器人雏形。

1662 年，日本的竹田近江利用钟表技术发明了自动机器玩偶，并在大阪的道顿堀演出。

1773 年，瑞士的钟表匠杰克・道罗斯和他的儿子利・路易・道罗斯制造了自动书写玩偶。19 世纪中叶自动玩偶分为两个流派，即科学幻想派和机械制作派，并各自在文学艺术和近代技术中找到了自己的位置。1831 年歌德发表了《浮士德》，塑造了人造人“荷蒙克鲁斯”；1870 年霍夫曼出版了以自动玩偶为主角的作品《葛蓓莉娅》；1883 年科洛迪的《木偶奇遇记》问世；1886 年《未来的夏娃》问世。在机械实物制造方面，1893 年摩尔制造了

图 1-1 中国古代指南车

“蒸汽人”，“蒸汽人”靠蒸汽驱动双腿沿圆周走动。

（二）现代机器人

现代机器人的研究始于 20 世纪中期，其技术背景是计算机和自动化的发展，以及原子能的开发利用。

自 1946 年第一台数字电子计算机问世以来，计算机取得了惊人的进步，向高速度、大容量、低价格的方向发展。

大批量生产的迫切需求推动了自动化技术的进展，其结果之一便是 1952 年数控机床的诞生。与数控机床相关的控制、机械零件的研究又为机器人的开发奠定了基础。

另一方面，原子能实验室的恶劣环境要求某些操作机械代替人处理放射性物质。在这一需求背景下，美国原子能委员会的阿尔贡研究所于 1947 年开发了遥控机械手，1948 年又开发了机械式的主从机械手。

1954 年美国戴沃尔最早提出了工业机器人的概念，并申请了专利。该专利的要点是借助伺服技术控制机器人的关节，利用人手对机器人进行动作示教，机器人能实现动作的记录和再现。这就是所谓的示教再现机器人，1959 年，戴沃尔与约瑟夫联手制造出第一台真正意义上的工业机器人 UNIMATE（图 1-2），现有的机器人差不多都采用这种控制方式，随后成立了世界上第一家机器人制造公司——UNIMATION 公司。1962 年美国 AMF 公司推出的“VERSTRAN”和 UNIMATION 公司推出的“UNIMATE”成为真正商业化的工业机器人，并出口到世界各地，掀起了全世界对机器人使用和研究的热情。这些工业机器人的控制方式与数控机床大致相似，但外形特征迥异，主要由类似人的手和臂组成。

1965 年，MIT 的 Robots 演示了第一个具有视觉传感器的、能定位与识别简单积木的机器人系统。1967 年日本成立了人工手研究会（现改名为仿生机构研究会），同年召开了日本首届机器人学术会。1970 年在美国召开了第一届国际工业机器人学术会议，1970 年以后，机器人的研究得到迅速广泛的普及。1973 年，辛辛那提·米拉克隆公司的理查德·豪恩制造了第一台由小型计算机控制的工业机器人，该机器人采用液压驱动，能提升的有效负载达 45kg。

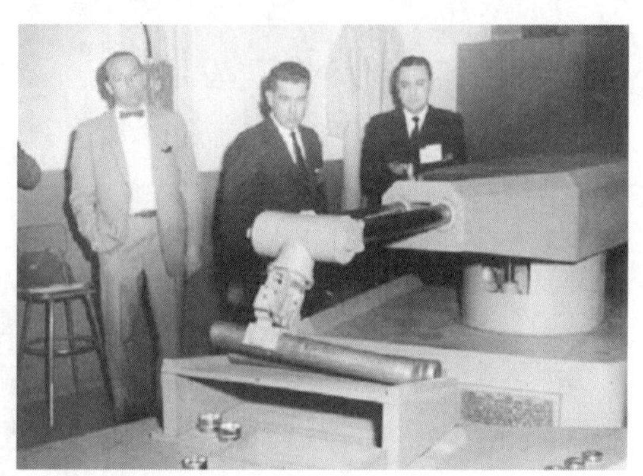
图 1-2 乔治·戴沃尔（右）、约瑟夫·恩格尔伯格和 UNIMATE 机器人

1980 年，工业机器人才真正在日本普及，故称该年为“机器人元年”。随后，工业机器人在日本得到了巨大发展，日本也因此赢得了“机器人王国”的美称。

计算机技术和人工智能技术的飞速发展，使机器人在功能和技术层次上有了很大的提高，移动机器人与机器人的视觉和触觉等技术就是典型的代表。由于这些技术的发展，推动了机器人概念的延伸。20 世纪 80 年代，将具有感觉、思考、决策和动作能力的系统称为智能机器人，这是一个概括的、含义广泛的概念。这一概念不但指导了机器人技术的研究和应用，而且又赋予了机器人技术向深广发展的巨大空间；水下机器人、空间机器人、空中机器人、地面机器人、微小型机器人等各种用途的机器人相继问世，许多梦想成为现实。将机器人的技术（如传感技术、智能技术、控制技术等）扩散和渗透到各个领域，形成了各式各样的新机器——机器人化机器。当前与信息技术的交互和融合又产生了“软件机器人”“网络机器人”等，这也说明了机器人所具有的创新活力。

（三）机器人发展趋势

机器人的发展史犹如人类的文明和进化史在不断地向着更高级发展。从原则上说，意识化机器人已是机器人的高级形态，不过意识又可划分为简单意识和复杂意识两类。

人类具有非常完美的复杂意识，而现代所谓的意识机器人，最多只是简单意识。对于未来意识化智能机器人很可能的几大发展趋势，在这里概括性地分析如下。

1. 语言交流功能越来越完美

此类机器人能与人类进行一定的，甚至完美的语言交流。在人类的完美设计程序下，它们能轻松地掌握多个国家的语言，远高于人类的学习能力。

2. 各种动作越来越完美

未来机器人将有更灵活的类似人类的关节和仿真人造肌肉，使其动作更像人类，模仿人的所有动作，还有可能做出一些普通人很难做出的动作，如平地翻跟斗、倒立等。

3. 外形越来越酷似人类

科学家研制越来越高级的智能机器人，主要以人类自身形体为参照对象，自然有一个很仿真的人型外表是首要前提。在这一方面日本应该是相对领先的，国内也是非常优秀的。

对于未来机器人，仿真程度很有可能达到即使你近在咫尺细看它的外在，也只会把它当成人类，很难分辨是机器人，这种状况就如美国科幻大片《终结者》中的机器人物造型，具有极致完美的人类外表。

4. 复原功能越来越强大

凡是人类都会有生老病死，而对于机器人来说，虽无生物的常规死亡现象，但也有一系列的故障发生时刻，如内部元件故障、线路故障、机械故障、干扰性故障等。这些故障也相当于人类的病理现象。

未来智能机器人将具备越来越强大的自行复原功能，对于自身内部零部件等运行情况，机器人会随时自行检索一切状况，并做到及时排除。它的检索功能就像我们人类感觉身体哪里不舒服一样是智能意识的表现。

5. 体内能量储存越来越大

未来还很可能制造出一种超级能量储存器，有别于蓄电池在多次充电放电后，蓄电能力会逐步下降的缺点，超级能量储存器基本可永久保持储能效率，且充电快速而高效，单位体积储存能量相当于传统大容量蓄电池的百倍以上，也许这将成为智能机器人的理想动力供应源。

6. 逻辑分析能力越来越强

为了使机器人完美模仿人类，科学家未来会不断地赋予它许多逻辑分析程序功能，这也相当于是智能的表现。如自行重组相应词汇生成新的句子，是逻辑能力的完美表现形式；还有若自身能量不足，可以自行充电，而不需要主人帮助，那是一种意识表现。

7. 功能越来越多样化

人类制造机器人的目的是为人类服务，所以就会尽可能地把它变成多功能化，比如在家庭中，可以成为机器人保姆，会为你扫地、吸尘，做你的谈天朋友，为你看护小孩；外出时，机器人可以帮你搬一些重物，或提一些东西，甚至还能当你的私人保镖。

另外，未来高级智能机器人还会具备多样化的变形功能，比如从人形状态变成一辆豪华的汽车也是有可能的，这似乎是真正意义上的变形金刚了，它可载着你到你想去的任何地方。这种比较理想的设想，在未来都是有可能实现的。

我们目前还不能预料未来机器人新的用途，因为世界上很多机器人的形式跟大家脑子里想到的机器人是很不一样的。包括现在很多汽车里面的智能软件，它能帮你自动导航，这实际上也是机器人的功能之一。

二、机器人的定义

机器人问世已有几十年，机器人的定义仍然仁者见仁，智者见智，没有一个统一的意见。原因之一是机器人还在发展，新的机型、新的功能不断涌现。根本原因主要是因为机器人涉及了人的概念，成为一个难以回答的哲学问题。就像机器人一词最早诞生于科幻小说之中一样，人们对机器人充满了幻想。也许正是由于机器人定义的模糊，才给了人们充分的想象和创造空间。

其实并不是人们不想给机器人一个完整的定义，自机器人诞生之日起，人们就不断地尝试着说明到底什么是机器人。但随着机器人技术的飞速发展和信息时代的到来，机器人所涵盖的内容越来越丰富，机器人的定义也在不断充实和创新。

美国机器人协会（RIA）定义：机器人是“一种用于移动各种材料、零件、工具或专用装置的，通过可编程序来执行种种任务的，并具有编程能力的多功能机械手”。

日本工业机器人协会（JIRA）定义：工业机器人是“一种装备有记忆装置和末端执行器的，能够转动并通过自动完成各种移动来代替人类劳动的通用机器”。

国际标准化组织定义：工业机器人是“一种具有自动控制的操作和移动功能，能完成各种作业的可编程操作机”（1987）。

我国的定义：机器人是“一种自动化的机器，所不同的是这种机器具备一些与人或生物相似的智能能力，如感知能力、规划能力、动作能力和协同能力，是一种具有高度灵活性的自动化机器”。

在研究和开发未知及不确定环境下作业的机器人过程中，人们逐步认识到机器人技术的本质是感知、决策、行动和交互技术的结合。随着人们对机器人技术智能化本质认识的加深，机器人技术开始源源不断地向人类活动的各个领域渗透。结合这些领域的应用特点，人们发展了各式各样的具有感知、决策、行动和交互能力的特种机器人和各种智能机器人，如移动机器人、微机器人、水下机器人、医疗机器人、军用机器人、空中空间机器人、娱乐机器人等。对不同任务和特殊环境的适应性，也是机器人与一般自动化装备的重要区别。这些机器人从外观上已远远脱离了最初仿人型机器人和工业机器人所具有的形状，更加符合各种不同应用领域的特殊要求，其功能和智能程度也大大增强，从而为机器人技术开辟出更加广阔的发展空间。

三、机器人分类

（一）按发展时期分类

1. 第一代：示教再现型机器人

"VERSTRAN"和"UNIMATE"这两种最早的工业机器人是示教再现型机器人的典型代表，它由人操纵机械手做一遍应当完成的动作或通过控制器发出指令让机械手臂动作，在动作过程中机器人会自动将这一过程存入记忆装置。当机器人工作时，能再现人教给它的动作，并能自动重复执行。这类机器人不具有外界信息的反馈能力，很难适应变化的环境。

2. 第二代：有感觉的机器人

它们对外界环境有一定感知能力，并具有听觉、视觉、触觉等功能，机器人工作时，根据感觉器官获得的信息，能灵活调整自己的工作状态，保证在适应环境的情况下完成工作。

3. 第三代：具有智能的机器人

靠人工智能技术决策行动的机器人，它们根据感觉到的信息，进行独立思维、识别、推理，并作出判断和决策，不用人的参与就可以完成一些复杂的工作。目前，日本研制的智能机器人已经达到5岁儿童的智能水平，随着科技的发展，机器人的智能水平将越来越接近人类。

（二）按几何机构分类

1. 直角坐标机器人（PPP）

直角坐标机器人（见图1-3），由三个相互正交的平移坐标轴组成，通常还带有附加的旋转关节来确定末端执行器的姿态；各个坐标轴运动独立，具有控制简单、定位精度高、控制无耦合等特点，对于稳定、提高产品质量，提高劳动生产率，改善劳动条件和产品的快速更新换代，起着十分重要的作用。

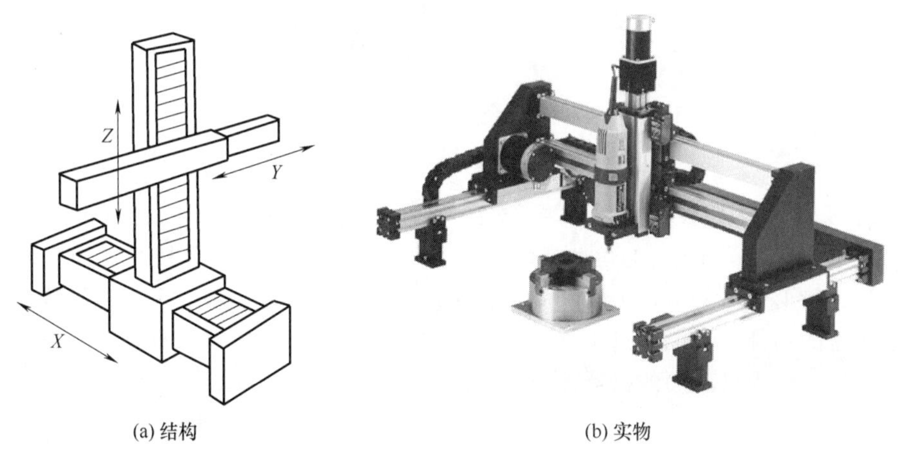

(a) 结构　　(b) 实物

图1-3　直角坐标机器人

2. 圆柱坐标机器人（RPP）

圆柱坐标机器人（见图1-4），由立柱和一个安装在立柱上的水平臂组成，其立柱安装在回转机座上，水平臂可以自由伸缩，并可沿立柱上下移动。该类机器人具有一个旋转轴和两个平移轴，也可以再附加一个旋转关节来确定部件的姿态，精度稍低于直角坐标机器人，控制比较简单，但结构庞大，移动轴的设计复杂。

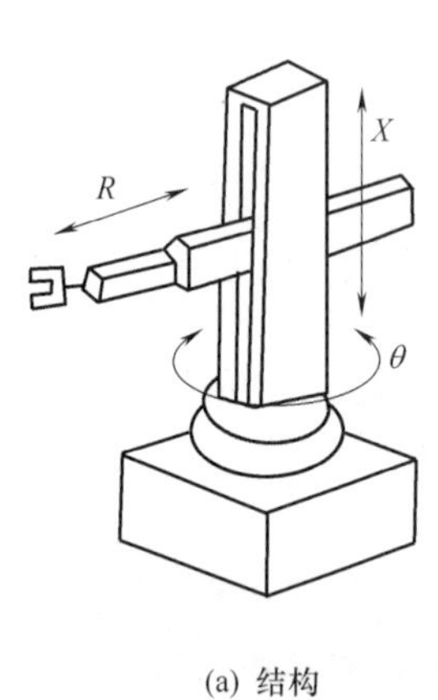

(a) 结构

(b) 实物

图 1-4　圆柱坐标机器人

3. **极坐标机器人**（RRP）

极坐标机器人（见图 1-5）又称为球坐标机器人，采用球坐标系，用一个滑动关节和两个旋转关节来确定部件的位置，再用一个附加的旋转关节确定部件的姿态。这类机器人占地面积较小，结构紧凑，但存在平衡问题，位置误差较大。

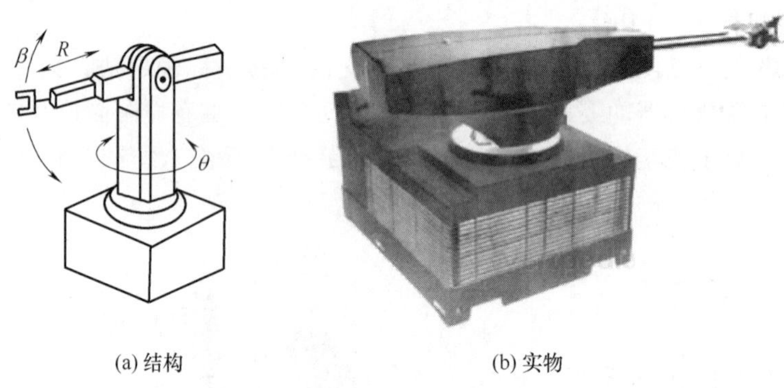

(a) 结构　(b) 实物

图 1-5　极坐标机器人

4. **关节机器人**（RRR）

关节机器人（见图 1-6）的运动类似人的手臂，由大小两臂和立柱等机构组成。大小臂之间用铰链连接形成肘关节，大臂和立柱连接形成肩关节，可实现三个方向旋转运动，它能抓取靠近机座的物件，也能绕过机体和目标间的障碍物去抓取物件，具有较高的运动速度和极好的灵活性，成为最通用的机器人。

（三）按机器人的驱动方式分类

（1）气压传动机器人是以压缩空气作为动力源驱动执行机构运动的机器人，具有动作迅速、结构简单、成本低廉的特点，适用于高速轻载、高温和粉尘大的环境作业。

（2）液压传动机器人采用液压元器件驱动，具有负载能力强、传动平稳、结构紧凑、动

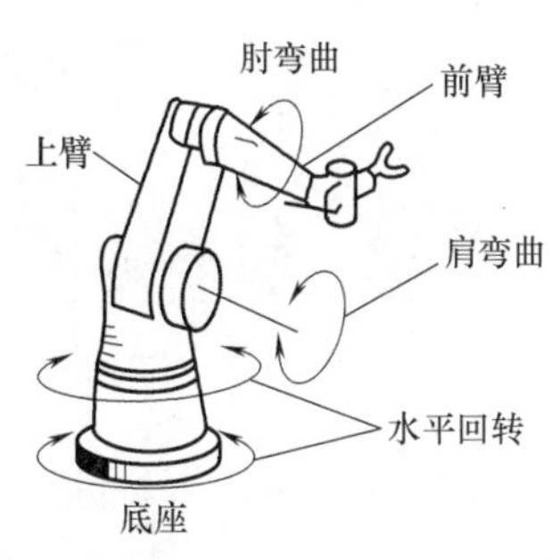

(a) 结构

(b) 实物

图 1-6 关节机器人

作灵敏的特点，适用于重载、低速驱动场合。

（3）电气传动机器人是用交流或直流伺服电动机驱动的机器人，不需要中间转换机构，机械结构简单、响应速度快、控制精度高，是近年来常用的机器人传动结构。

（四）按机器人的用途分类

1. 工业机器人

所谓工业机器人就是面向工业领域的多关节机械手或多自由度机器人，主要应用在汽车制造、机械制造、电子产品生产、金属冶炼、轻工等较大规模生产企业。工业机器人亦可根据各自不同用途进行分类和命名，如焊接机器人、装配机器人、喷漆机器人、搬运机器人等，其中，焊接机器人是目前为止应用最多的工业机器人。图 1-7 所示为汽车制造厂内的机器人焊接生产线。

图 1-7 机器人焊接生产线

2. 农林业机器人

我国由于机械化、自动化程度比较落后，“面朝黄土背朝天，一年四季不得闲”成了我国农民的象征。但近年农林业机器人的问世，有望改变传统的劳动方式。在农业机器人的方面，目前日本居于世界各国之首，农林业机器人主要承担播种、收割、采摘、加工、包装、喷洒农药等工作。图 1-8 为一个葡萄种植机器人，由法国发明家发明，名叫“瓦也”，它几乎能代替种植园工人的所有工作：修剪藤蔓、剪除嫩芽、监控土壤等。瓦也比已有的种植园机器人多一种功能，也就是安全功能，瓦也只在设定好的范围内工作，危险情况下宁愿启动自我毁灭程序也不“反叛”，可谓是最“忠诚”的机器人了。图 1-9 为一个六足伐木机器人，除了具有传统的伐木机械功能以外，还能进行木材的搬运，它的最大特点是具有 6 只“脚”，比轮胎、履带等驱动的机器更能适应复杂的路况。

3. 军用机器人

军用机器人按应用的环境不同，又分为地面军用机器人、空中军用机器人、水下军用机器人和空间军用机器人几类。

（1）地面军用机器人

图 1-8 农业机器人（葡萄种植）

图 1-9 六足伐木机器人

地面军用机器人主要是指在地面上使用的机器人系统，目前以智能或遥控的轮式和履带式车辆为多，可分为自主车辆和半自主车辆。自主车辆依靠自身的智能自主导航，躲避障碍物，独立完成各种战斗任务；半自主车辆可在人的监视下自主行驶，在遇到困难时操作人员可以进行遥控干预，和平时间可担负排除炸弹、完成要地保护等保卫工作，战时可执行扫雷、侦查和攻击等任务。图 1-10 为美国的“剑”机器人。

图 1-10 “剑”地面军用机器人

（2）空中军用机器人

被称为空中机器人的无人机是军用机器人中发展最快的家族，从 1913 年第一台自动驾驶仪问世以来，无人机的基本类型已达到 300 多种，目前在世界市场上销售的无人机有 40 多种。美国是研究无人机最早的国家之一，今天无论从技术水平还是无人机的种类和数量来看，美国均居世界首位。图 1-11 所示为诺斯罗普 · 格鲁曼公司的“全球鹰”无人机，是美国空军乃至全世界最先进的无人机。

综观无人机发展的历史，可以说现代战争是无人机发展的动力，高新技术的发展是它不断进步的基础。

图 1-11 “全球鹰”无人机

（3）水下军用机器人

水下军用机器人分为有人机器人和无人机器人两大类。

有人机器人，也称为有人潜水器，动作灵活，便于处理复杂的问题，但是人的生命可能会有危险，而且价格昂贵。图 1-12 为我国自行生产的“蛟龙”号深海载人潜水器，是目前国际上最先进的载人潜水器之一。

无人机器人就是人们所说的水下机器人，它适于长时间、大范围的考察任务，近 20 年来，水下机器人有了很大的发展，它们既可军用又可民用。随着人类对海洋进一步开发，21 世纪它们必将会有更广泛的应用。按照无人机器人与水面支持设备（母船或平台）间联系方式的不同，水下机器人可以分为两大类：一种是有缆水下机器人，习惯上把它称为遥控潜水器，简称 ROV；另一种是无缆水下机器人，习惯上把它称为自治潜水器，简称 AUV。有缆机器人都是遥控式的，按其运动方式分为拖曳式、（海底）移动式和浮游（自航）式三种。无缆水下机器人只能是自治式的，目前还只有观测型浮游式一种运动方式，但它的前景是光明的。

图 1-12　“蛟龙”号深海载人潜水器

（4）空间军用机器人

空间军用机器人（Space Robots）是用于代替人类在太空中进行科学试验、出舱操作、空间探测等活动的特种机器人。空间机器人代替宇航员出舱活动，可以大幅度降低风险和成本。一般而言，空间机器人分为遥操作机器人、自主机器人两种，主要用途有空间建筑与装配、卫星和其他航天器的维护与修理、空间机器人空间生产和科学实验。图 1-13 为我国自行设计制造的火星探测器。

图 1-13　中国第一个火星探测器

4. 服务机器人

服务机器人是机器人家族中的一个年轻成员，到目前为止尚没有一个严格的定义，不同国家对服务机器人的认识也有一定差异。服务机器人的应用范围很广，主要从事维护、保养、修理、运输、清洗、安保、救援、监护等工作。德国生产技术与自动化研究所所长施拉夫特博士给服务机器人下了这样一个定义：服务机器人是一种可自由编程的移动装置，它至少应有三个运动轴，可以部分地或全自动地完成服务工作。这里的服务工作指的不是为工业生产物品而从事的服务活动，而是指为人和单位完成的服务工作，图 1-14～图 1-16 为部分服务机器人。

图 1-14　演奏机器人

图 1-15　餐厅服务机器人

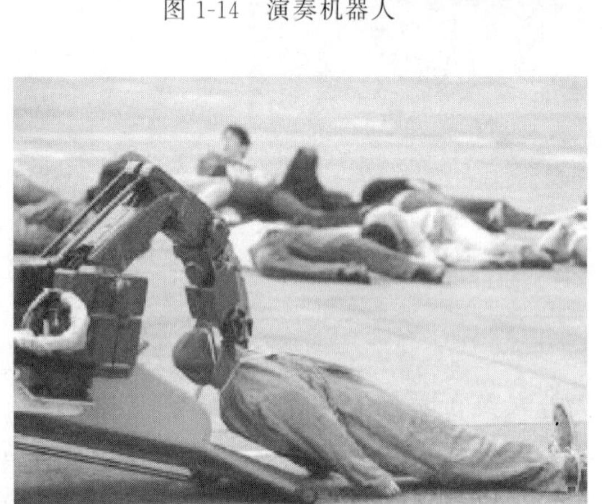

图 1-16　救援机器人

四、工业机器人系统的基本结构

（一）工业机器人的基本组成

1. 从控制原理角度

现代工业机器人从控制原理角度，一般由机械系统、控制系统、驱动系统和感知系统四大部分组成，见图 1-17。

(1) 机械系统是工业机器人的执行机构（即操作机），一般由手部、腕部、臂部、腰部和机身（基座）组成。手部又称为末端执行器，是工业机器人对目标直接进行操作的部分，如各种夹持器，有人也把焊接机器人的焊枪和喷漆机器人的油漆喷头等划归机器人的手部；腕部是臂和手的连接部分，主要功能是改变手的姿态；臂部用以连接腰部和腕部；腰部是连接臂和基座的部件，通常可以回转。臂和腰的共同作用使得机器人的腕部可以作空间运动。基座是整个机器人的支撑部分，有固定式和移动式两种。

(2) 控制系统实现对操作机的控制，一般由控制计算机和伺服控制器组成。前者发出指令，协调各关节驱动器之间的运动；后者控制各关节驱动器，使各个部件按一定的速度、加速度和位置要求进行运动。

(3) 驱动系统包括驱动器和传动机构，常和执行机构连成一体，驱动臂杆完成指定的运动。常用的驱动器有电动机、液压和气动装置等，目前使用最多的是交流伺服电动机。传动机构常用的有谐波减速器、RV 减速器、丝杠、链条、皮带以及其他各种齿轮轮系。

(4) 感知系统由内部传感器模块和外部传感器模块组成，获取内部和外部环境中有用的信息。智能传感器的使用提高了机器人的机动性、适应性和智能化水平。

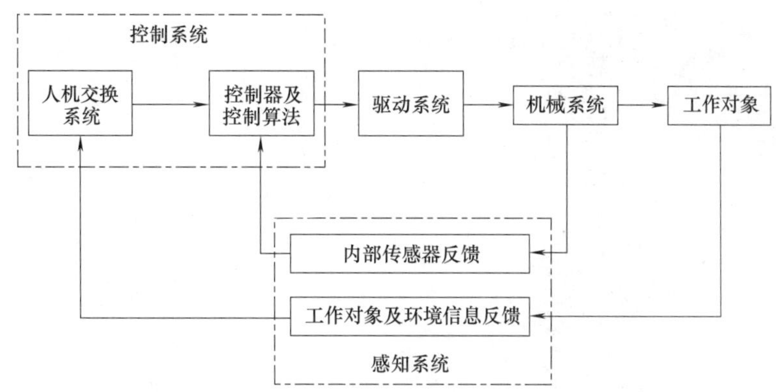

图 1-17 工业机器人系统组成

2. 从设备组成角度

工业机器人系统从设备组成角度，由机器人本体、控制柜、示教器以及其他附属设备组成，见图 1-18。

(1) 机器人本体。包含机体结构和机械传动系统，也是机器人的支撑基础和执行机构。

(2) 控制柜。用于安装各种控制单元，进行数据处理及存储和执行程序，是机器人系统的大脑。

(3) 示教器。示教器包含很多功能，如手动移动机器人、编辑程序、运行程序等。它与控制柜通过一根电缆连接。

(4) 附属设备。附属设备有很多，比如电脑、外部轴等。

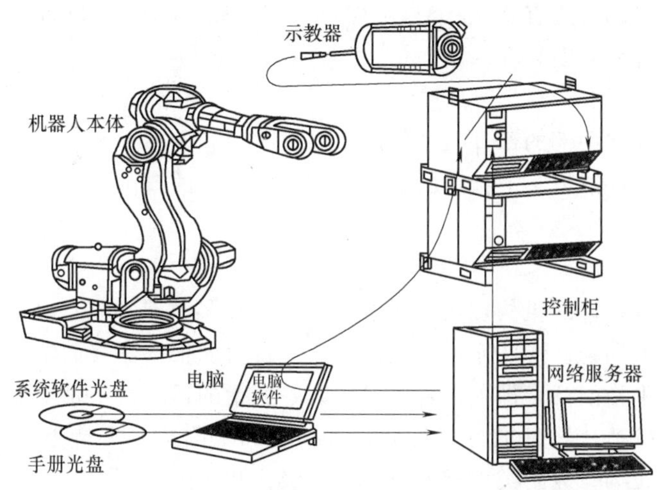

图 1-18 工业机器人系统设备组成

(二) 工业机器人系统的机械结构

一般工业机器人机械系统都由机身（也称基座）、臂部（包括大臂和小臂）、手腕和手部几部分组成，如果是可移动的工业机器人，还额外需要移动机构。图 1-19 所示为工业机器人机械系统的基本构造，图 1-20 所示为工业机器人臂部、腕部和手部结构示意。

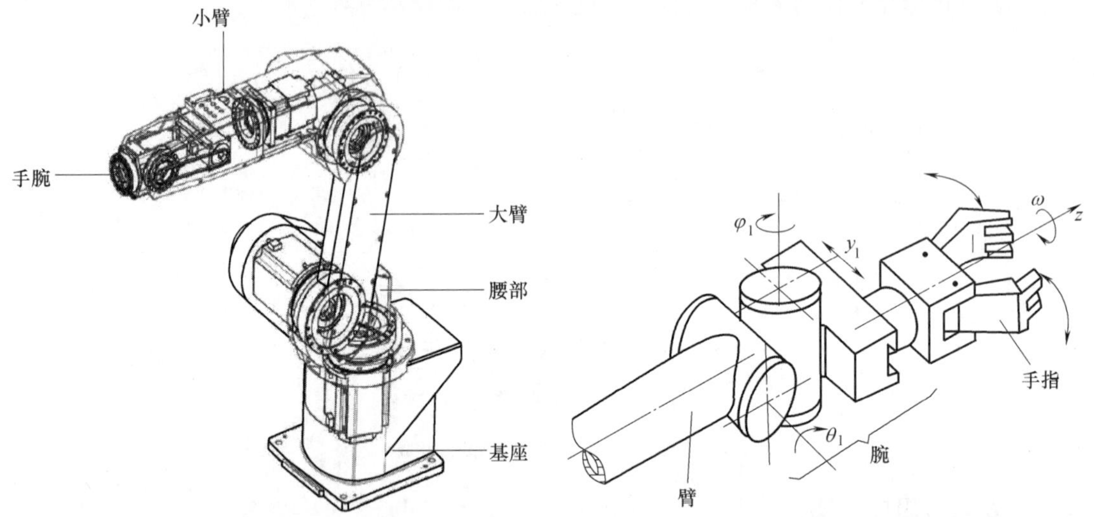

图 1-19 工业机器人机械系统的基本构造

图 1-20 工业机器人臂部、腕部和手部结构示意

1. 机身

机身（基座）主要起支撑作用，是工业机器人的基础部分。固定式工业机器人的机身直接连接在地面上或平台上，移动式工业机器人的机身则安装在移动机构上。

2. 臂部

臂部（包括小臂和大臂）是机器人机构的主要部分，称为主体机构，其作用是支撑腕部和手部，并带动它们使手部中心点按一定的运动轨迹，由某一位置运动到达另一指定位置。

工业机器人的臂部一般有 2～3 个自由度，起到伸缩、回转、俯仰或升降作用，一般与控制系统和驱动系统一起安装在基座上。

3. 腕部

腕部是连接臂部和手部的部件，其作用主要是改变和调整手部在空间的方位，从而使手中所握持的工具或工件取得某一指定的姿态。腕部有独立的自由度，以满足机器人手部完成复杂的姿态。

4. 手部

手部是用于抓持物件的机构，又称抓取机构、夹持器、夹具等。手部的结构形式很多，大部分是按工作要求和物件形状而特定设计的，其自由度根据需要而定。如简单夹持器只有一个自由度，使两手指能开合即可，若要模拟人手五指的运动，不是一般机器人技术所能实现的。常用的手部按抓持物件的方式可分为夹持类和吸附类。夹持类手部又可细分为夹钳式、勾托式、弹簧式等；吸附类手部又可分为气吸式和磁吸式等。

5. 移动机构

目前大多数工业机器人是固定式的，也有少部分可以沿着固定轨道移动，但随着科技的发展，具有一定智能的可移动机器人发展将会越来越快。

工业机器人的移动机构，主要由移动驱动装置、传动机构、位置检测元件、传感器、电缆及其他配套设备组成。

移动机构按其运动轨迹可分为固定轨迹式和无固定轨迹式。固定轨迹式移动机构主要用于工业机器人，如横梁式机器人，见图 1-21。无固定轨迹式移动机构按其行走机构的结构特点，分轮式移动机构（见图 1-22）、履带式移动机构、足式移动机构、步进式移动机构、蠕动式移动机构。它们在行走过程中，前两者与地面连续接触，其形态为运行车式。该机构用得比较多，多用于野外、较大型作业场所，也比较成熟。后者与地面为间断接触，为人类（或动物）的腿脚式，该机构正在发展和完善中。

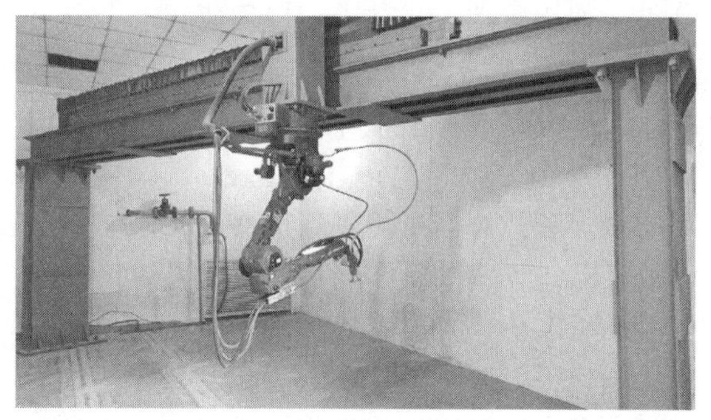

图 1-21 安装在固定轨道（横梁）上的工业机器人

图 1-22 安装在轮式移动机构上的工业机器人

（三）工业机器人的定义与分类

1. 工业机器人的定义

不同的国家或组织对工业机器人的定义不完全一致，我国国家标准 GB/T 12643—2013 的定义：工业机器人是一种能自动定位控制、可重复编程的、多功能的、多自由度的操作机，能搬运材料、零件或操持工具，用以完成各种作业。

操作机的定义：具有和人手臂相似的动作功能，可在空间抓放或进行其他操作的机械装置。

2. 工业机器人的分类

（1）按臂部的运动形式分类

工业机器人按臂部的运动形式分为四种，见图 1-3～图 1-6。

① 直角坐标型，臂部可沿三个直角坐标移动。

② 圆柱坐标型，臂部可作升降、回转和伸缩动作。

③ 极坐标型，臂部能回转、俯仰和伸缩。

④ 关节型，臂部有多个转动关节。

（2）按执行机构运动的控制机能分类

工业机器人按执行机构运动的控制机能又可分点位型和连续轨迹型。

① 点位型只控制执行机构由一点到另一点的准确定位，适用于机床上下料、点焊和一般搬运、装卸等作业。

② 连续轨迹型可控制执行机构按给定轨迹运动，适用于连续焊接和涂装等作业。

（3）按程序输入方式分类

工业机器人按程序输入方式分为编程输入型和示教输入型两类。

① 编程输入型是将计算机上已编好的作业程序文件，通过 RS232 串口或者以太网等通信方式传送到机器人控制柜。

② 示教输入型的示教方法主要有两种：一种是由操作者用手动控制器（示教操纵盒），

将指令信号传给驱动系统，使执行机构按要求的动作顺序和运动轨迹操演一遍；另一种是由操作者直接操作执行机构，按要求的动作顺序和运动轨迹操演一遍。在示教过程的同时，工作程序的信息自动存入程序存储器中，在机器人自动工作时，控制系统从程序存储器中检出相应信息，将指令信号传给驱动机构，使执行机构再现示教的各种动作。示教输入程序的工业机器人称为示教再现型工业机器人。

工业机器人按不同的方式还可以有其他的分类，如按驱动方式分类，按负荷和工作空间分类，按使用范围分类等，读者可自行查询相关的分类方法。

3. **工业机器人的应用**

（1）机器人焊接应用

机器人焊接应用主要包括在汽车行业中使用的点焊和弧焊。虽然点焊机器人比弧焊机器人更受欢迎，但是弧焊机器人近年来发展势头十分迅猛。许多加工车间都逐步引入焊接机器人，用来实现自动化焊接作业，见图 1-23。

（2）机器人搬运应用

许多自动化生产线需要使用机器人进行上下料、搬运以及码垛等操作。近年来，随着协作机器人的兴起，搬运机器人的市场份额一直呈增长态势，见图 1-24。

图 1-23　焊接机器人

图 1-24　搬运机器人

（3）机器人装配应用

装配机器人主要从事零部件的安装、拆卸以及修复等工作，见图 1-25。

（4）机器人喷涂应用

这里的机器人喷涂主要指的是涂装、点胶、喷漆等工作，如用于汽车车体、家电产品和各种塑料制品等生产企业，见图 1-26。

图 1-25　装配机器人

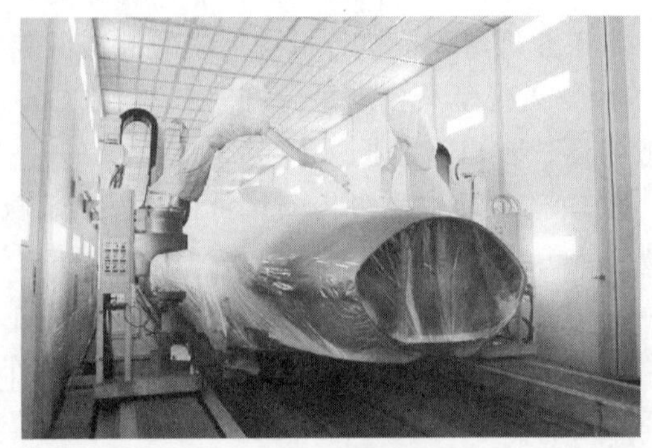

图 1-26　喷涂机器人

(5) 机械加工应用

机械加工机器人主要应用的领域包括零件铸造、激光切割以及水射流切割，见图 1-27。

图 1-27　切割机器人

【任务实施】

工作任务单见表 1-1。

表 1-1　工作任务单

工单号：________________　　　　　　　　　　日期：

工作任务	制作一个 PPT 文件，向××企业员工介绍工业机器人的应用		
项目负责人		项目组成员	
开工时间		完工时间	
要求 (篇幅较大时， 可用附件说明)	某饲料厂需要从我公司引进一条以工业机器人为核心的自动包装码垛生产线，但该厂技术人员对工业机器人几乎没有了解，为了更好地向客户推销公司产品，公司领导要求你与业务员共同制作一个 PPT 演讲稿，并向饲料厂的领导及技术人员宣讲		
宣讲效果 (客户评价)		日期	

任务二

ABB六轴工业机器人基本操作

能力目标

1. 能阐述使用 ABB 工业机器人的安全注意事项。
2. 能够进行工业机器人单轴运动的操作。
3. 能够进行工业机器人线性运动的操作，并能阐述“线性运动”的含义以及应用。
4. 能够进行工业机器人重定位运动的操作，并能阐述“重定位运动”的含义以及应用。
5. 能够进行工业机器人转数计数器更新操作，并能阐述“转数计数器更新操作”的含义以及应用。
6. 能够判断机器人的各种坐标系。
7. 能够正确启动、关闭 ABB 工业机器人。

工作任务描述

某公司采购机器人后，要求你负责对他们公司员工进行基本操作的培训，你需要根据客户的实际情况制订出合适的培训计划，并针对机器人的单轴运动、线性运动、重定位运动、转数计数器更新操作、关机的操作等基本应用进行逐个培训、讲解，并初步理解机器人的各种坐标系。

【学习准备】

一、安全注意事项

（一） ABB 工业机器人常见安全标识（见表 2-1）

表 2-1　ABB 工业机器人常见安全标识

标识	含义	详细解释
⚠	危险 （红底黑字）	警告：如果不依照说明操作，就会发生事故，并导致严重或致命的人员伤害和/或严重的产品损坏。该标志用于以下险情：碰触高压电气装置、爆炸或火灾、有毒气体，压轧、撞击和从高处跌落等

续表

标识	含义	详细解释
	警告 (黄底黑字)	警告:如果不依照说明操作,可能会发生事故,造成严重的伤害(可能致命)和/或重大的产品损坏。该标志用于以下险情:碰触高压电气装置、爆炸或火灾、有毒气体,压轧、撞击和从高处跌落等
	小心 (黄底黑字)	警告:如果不依照说明操作,可能会发生能造成伤害或产品损坏的事故。该标志适用于以下险情:灼伤、眼部伤害、皮肤伤害、力损伤、挤压或滑倒、跌倒、撞击、高空坠落等。此外,它还适用于某些涉及功能要求的警告消息,即在装配和移除设备过程中出现有可能损坏产品或引起产品故障的情况时,就会采用这一标志
	禁止 (国标中为 白底红字)	与其他标志组合使用
	当心触电 电源指示	针对可能会导致严重的人身伤害或死亡的电气危险的警告
	静电放电(ESD)	针对可能会导致严重产品损坏的电气危险的警告
	请参阅用户文档	请阅读用户文档,了解详细信息
	拆卸前请参阅 产品手册	拆卸之前,请参阅产品手册

续表

标识	含义	详细解释
	不得拆卸	拆卸此部件可能会导致伤害
	旋转更大	此轴的旋转范围(工作区域)大于标准范围
	制动闸释放	此按钮将会释放制动闸。这意味着机器人可能会掉落
	拧螺栓有倾倒翻危险	如果螺栓没有固定牢靠,机器人可能会翻倒
	挤压	挤压伤害风险
	高温	存在可能导致灼伤的高温风险

续表

标识	含义	详细解释
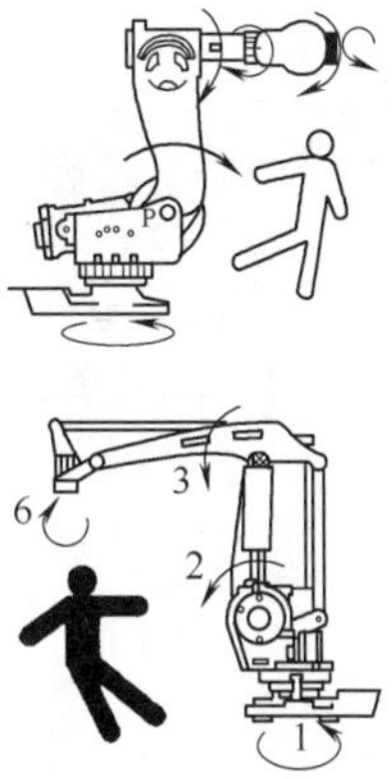	机器人移动	机器人可能会意外移动
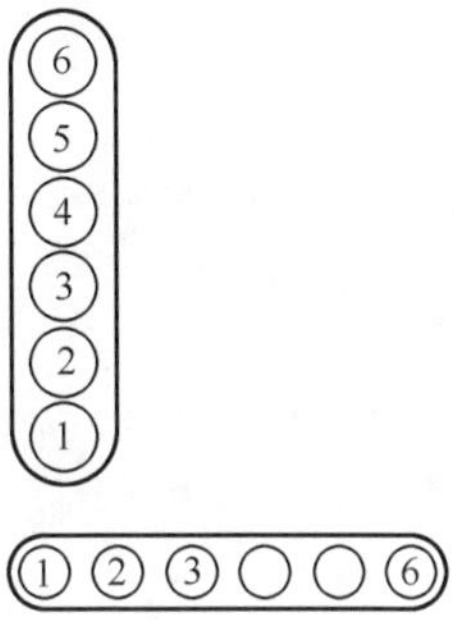	制动闸释放	制动闸释放按钮
	吊环螺栓	用于吊装机器人
	带缩短器的吊货链	用于吊装机器人
	机器人提升	用于吊装机器人
	润滑油	润滑油注入点，如果不允许使用润滑油，则可与禁止标志一起使用

续表

标识	含义	详细解释
	机械挡块	
	无机械制动器	
	储能	警告：此部件蕴含储能，与不得拆卸标志一起使用
bar Max	压力	警告：此部件承受了压力，通常另外印有文字，表明压力大小
0 I	使用手柄关闭	使用控制器上的电源开关
	不得踩踏	警告：如果踩踏这些部件，可能会造成损坏

（二）急停按钮的使用

无论是工业生产设备还是校内实训设备，为了人员及设备的安全，会在不同位置配置多个急停按钮（急停装置），当人员及设备遇到紧急或突发问题或事故时使用。

1. 急停按钮

急停按钮外观为红色，自锁旋放式结构，见图 2-1。紧急情况使用时按下，如故障或事故解决，根据按钮上所标示旋转方向旋转，即可复位。

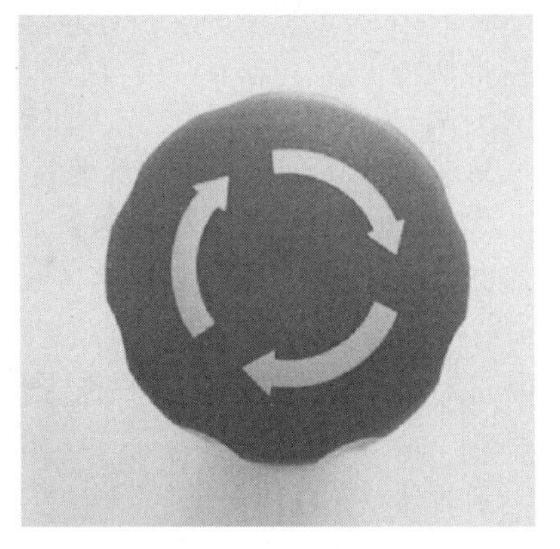

图 2-1　急停按钮

2. 急停按钮安装位置

急停按钮安装位置见图 2-2。

（三）机器人安装和检修工作期间的安全风险

1. 设备安装

① 为保证设备安装连接时的安全，安装前一定要阅读、理解“机器人操作手册”，必须始终遵守产品说明书中安装与调试以及维修等章节的规定。

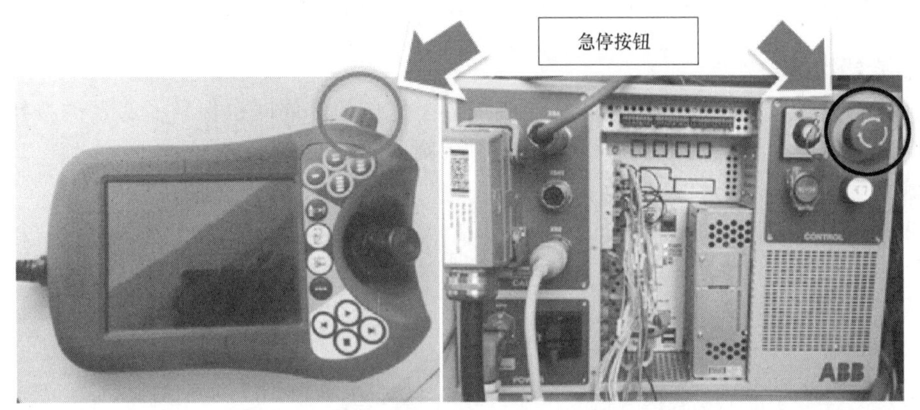

图 2-2　ABB 工业机器人急停按钮安装位置

② 当有人在系统上操作时，必须确保没有其他人能够打开控制器或接通机器人的电源。

③ 线缆的连接要符合设备要求，设备的安装及固定必须牢靠。

④ 严禁强制性扳动机器人运动轴及倚靠机器人或控制柜。

⑤ 禁止随意按动操作键。

⑥ 切勿将机器人当作梯子使用，也就是说在检修过程中切勿攀爬机器人电机或其他部件。

2. 设备调试

机器人调试前一定要进行严格仔细检查，机器人行程范围内无人员及碰撞物，确保作业区内安全，避免粗心大意造成安全事故。

3. 用电安全

① 机器人配电必须按说明书要求配置，不得私自减少配电要求。

② 系统必须进行可靠的电气接地。

③ 在设备断电 5min 内，不得接触机器人控制器或插拔机器人连接线。

④ 在对设备进行维护或检修时，要按操作顺序断开各级电源，确保安全后方可进行操作。

⑤ 对有用电安全警示区域禁止触摸操作。

⑥ 每次设备上电前要对设备及线缆进行检查，发现线缆有破损或老化现象要及时更换，不得带伤运行。

测试一

为了更好让初学者掌握所学内容，请完成如下测试：

① 识读并阐述相关安全标识，在工业机器人系统中实际寻找相应的标识；

② 找出设备上的所有紧急停止按钮，并阐述如何使用。

二、示教器认识——配置必要的操作环境

示教器（FlexPendant）是人们与机器人对话的设备，要机器人能顺利为人们服务，就必须将控制要求告诉机器人。示教器能将人们的要求翻译成机器人能懂得的语言，并对机器人实现控制。

（一）示教器外在构造以及操纵示教器的正确姿势

1. 示教器构造

在示教器上，绝大多数的操作都是在触摸屏上完成的，同时也保留了必要的按钮与操作装置（部分按钮可以自定义，在后面的篇幅中会阐述），如图 2-3 所示。

2. 操纵示教器

操纵示教器的正确姿势，如图 2-4 所示。

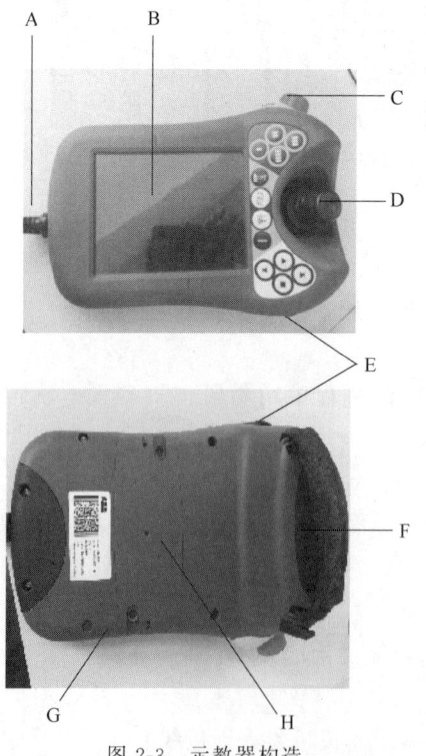

图 2-3　示教器构造

A—连接电缆；B—触摸屏；C—急停开关；D—手动操作摇杆；E—数据备份用 USB 接口；F—使能器按钮；G—触摸屏用笔；H—示教器复位按钮

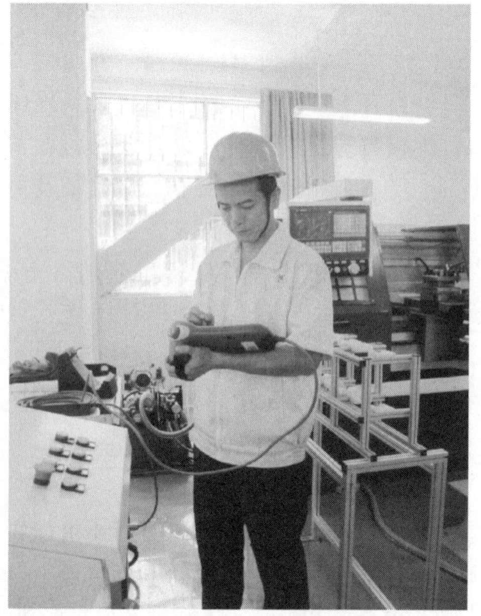

图 2-4　手持示教器的正确姿势

（二）设定示教器的显示语言

因软件版本原因，不同版本的示教器操作步骤将会略有不同，请认真阅读相关资料。

示教器出厂时，默认的显示语言为英语。为了方便使用，先将显示语言设定为中文，具体步骤见表2-2。

表2-2 设定示教器的显示语言

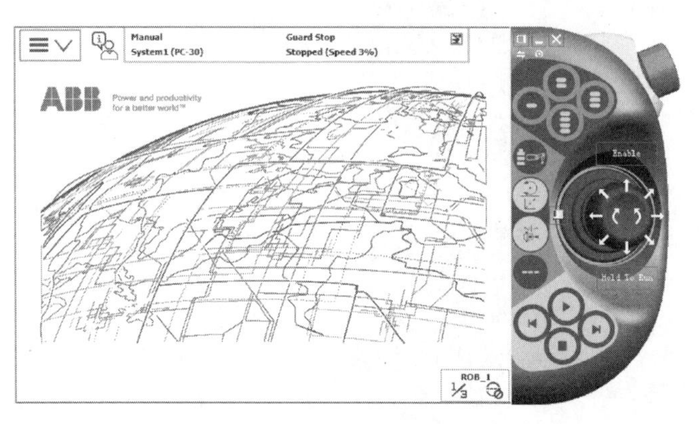	①通电，示教器将显示左图画面
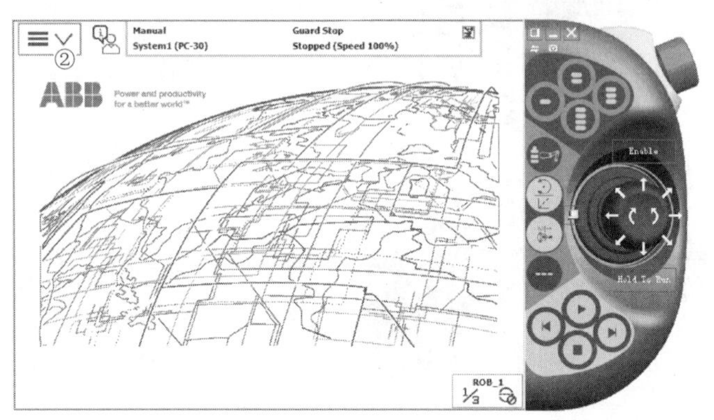	②点击下拉主菜单 ≡∨
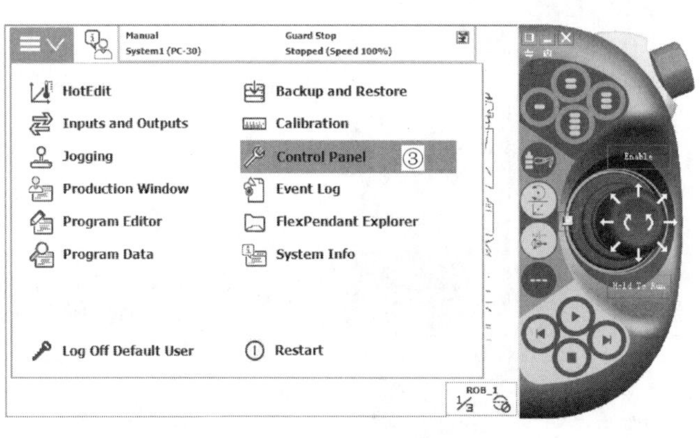	③单击"Control Panel"选项（Control Panel含义为"控制面板"）

续表

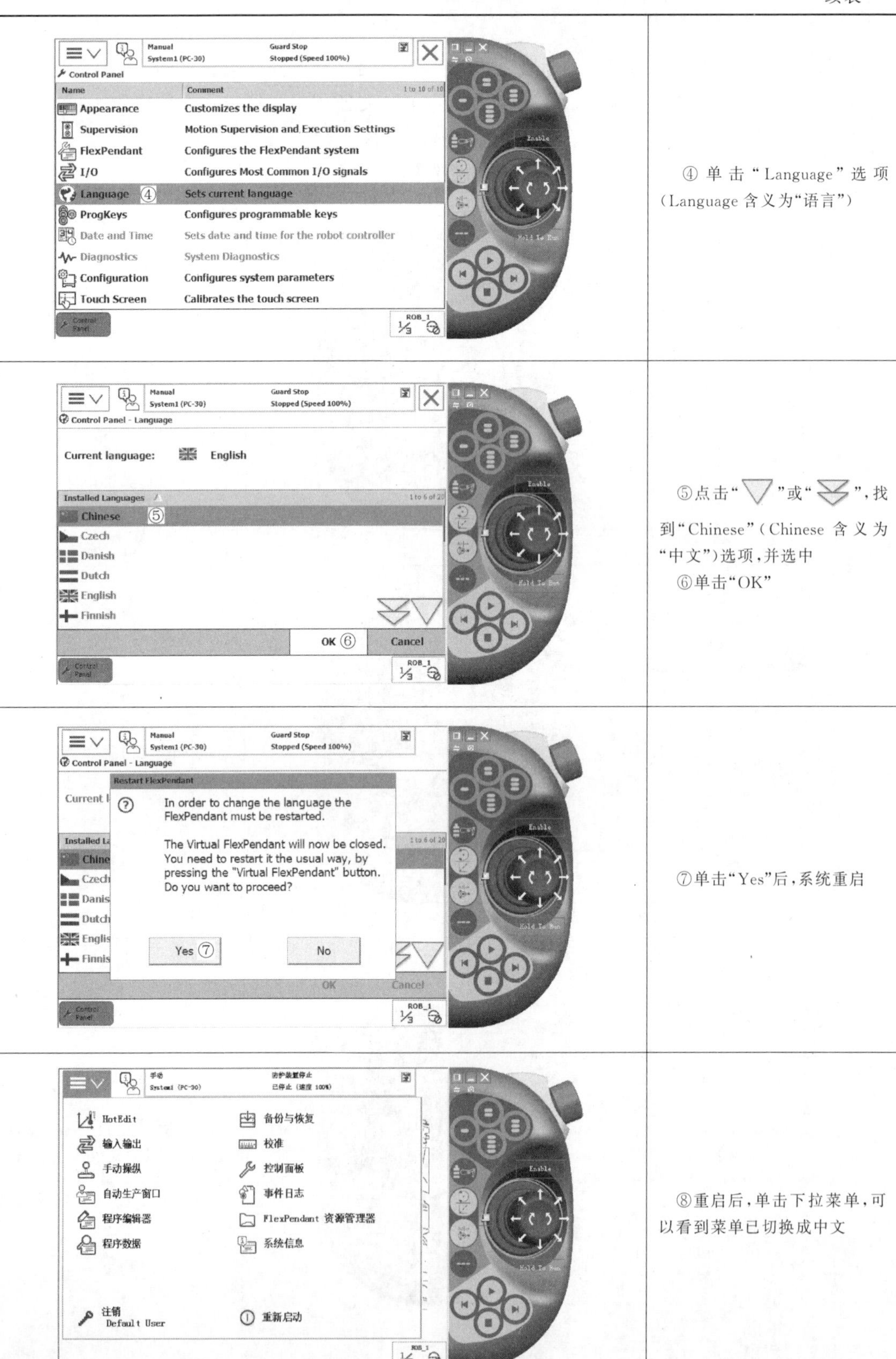

④单击“Language”选项(Language含义为“语言”)

⑤点击“▽”或“⩔”,找到“Chinese”(Chinese含义为“中文”)选项,并选中

⑥单击“OK”

⑦单击“Yes”后,系统重启

⑧重启后,单击下拉菜单,可以看到菜单已切换成中文

（三）设定机器人系统时间

为了方便进行文件的管理和故障的查阅与管理，在进行各种操作之前要将机器人系统的时间设定为本地时区的时间，具体操作步骤见表 2-3。

表 2-3 设定机器人系统时间

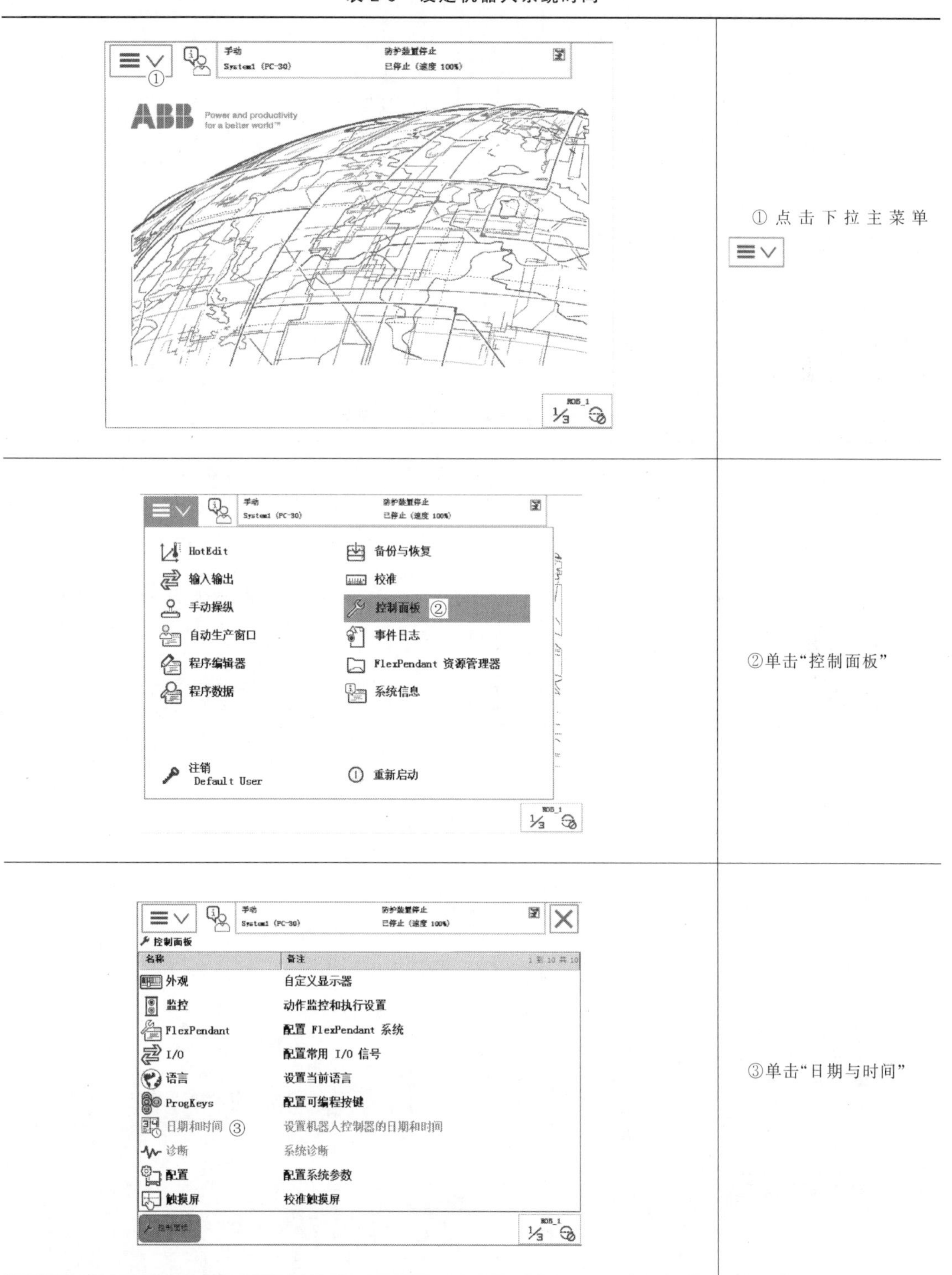

操作画面	说明
	① 点击下拉主菜单
	②单击“控制面板”
	③单击“日期与时间”

续表

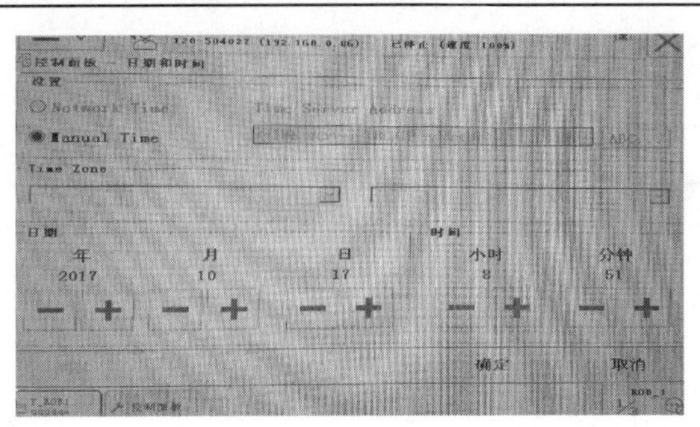	④根据画面的提示进行时间的调整，调整后单击“确定”

三、查看机器人常用信息与事件日记

在应用中，当机器人进行调试或出现故障等情况时，需要通过示教器查看机器人的各种状态或工作的各类信息，此时可通过示教器画面上的状态栏进行 ABB 机器人常用信息的查看。具体操作步骤见表 2-4。

表 2-4　查看机器人常用信息与事件日记

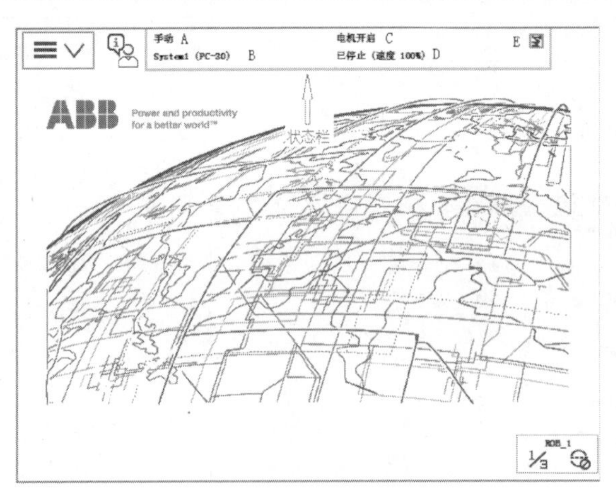	①从状态栏中，可查看机器人的工作状态 A：机器人的状态（部分机器人有三种状态：手动、全速手动和自动，部分机器人仅有手动和自动两种状态） B：机器人的系统信息 C：机器人电机状态 D：机器人程序运行状态 E：当前机器人或外轴的使用状态
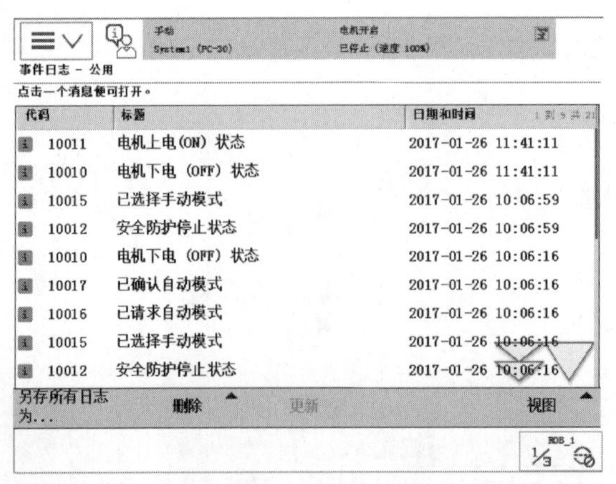	②事件的查看：单击状态栏，将会出现类似于左图的信息，可从左图画面查看机器人不同时段的工作情况（事件日志）

四、ABB 机器人数据的备份与恢复

为了防止数据丢失，保证机器人正常工作，应定期对机器人的数据进行备份，ABB 机器人数据备份的对象是所有正在系统内存运行的 RAPID 程序和系统参数。当机器人系统出现问题时，可以通过备份快速地把机器人恢复到备份时的状态。

（一）对 ABB 机器人数据进行备份的操作

具体操作步骤见表 2-5。

表 2-5 机器人数据备份

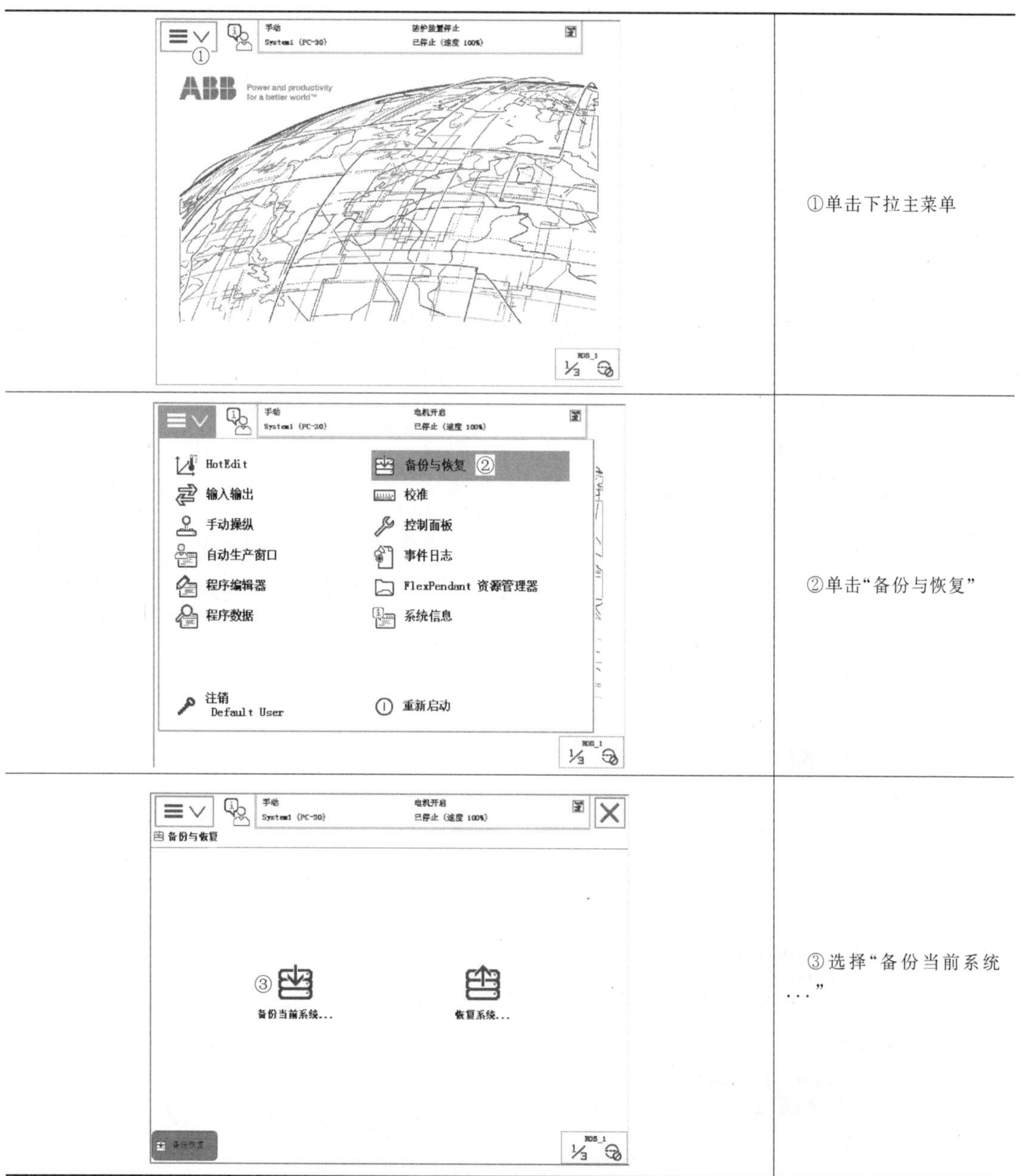

	①单击下拉主菜单
	②单击“备份与恢复”
	③选择“备份当前系统...”

续表

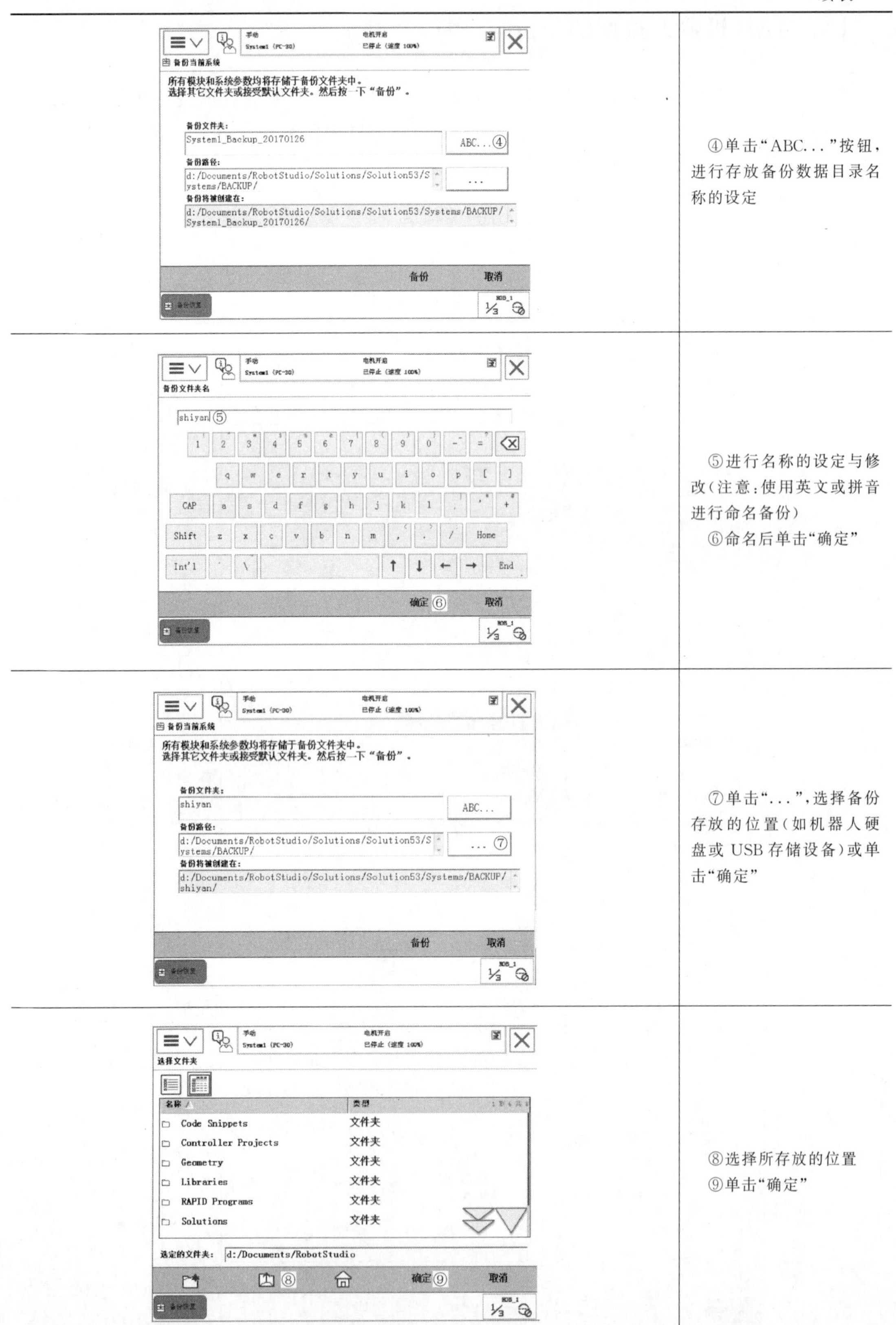

④单击“ABC...”按钮，进行存放备份数据目录名称的设定

⑤进行名称的设定与修改(注意:使用英文或拼音进行命名备份)

⑥命名后单击“确定”

⑦单击“...”,选择备份存放的位置(如机器人硬盘或USB存储设备)或单击“确定”

⑧选择所存放的位置

⑨单击“确定”

续表

手动　System1 (PC-30)　电机开启　已停止（速度 100%） 备份当前系统 所有模块和系统参数均将存储于备份文件夹中。 选择其它文件夹或接受默认文件夹。然后按一下"备份"。 备份文件夹：shiyan　ABC... 备份路径：d:/Documents/RobotStudio/　... 备份将被创建在：d:/Documents/RobotStudio/shiyan/ 备份 ⑩　取消 ROB_1　1/3	⑩单击"备份"，等待备份的完成即可

（二）对 ABB 机器人数据进行恢复

注意：备份数据是具有唯一性的，不能将一台机器人的备份恢复到另一台机器人中去，这样会造成系统故障。具体步骤见表 2-6。

表 2-6　机器人数据恢复

自动　System1 (PC-30)　电机关闭　已停止（速度 100%） 备份与恢复 备份当前系统...　恢复系统... ① 自动生...　备份恢复	①单击"恢复系统..."
手动　System1 (PC-20160517LMDR)　电机开启　已停止（速度 3%） 恢复系统 在恢复系统时发生了重启，任何针对系统参数和模块的修改若未保存则会丢失。 浏览要使用的备份文件夹。然后按"恢复"。 备份文件夹：d:/Documents/RobotStudio/Solutions/Solution4/Systems/BACKUP/　... ② 恢复　取消 ROB_1　1/3	②单击"..."，选择备份存放的目录

续表

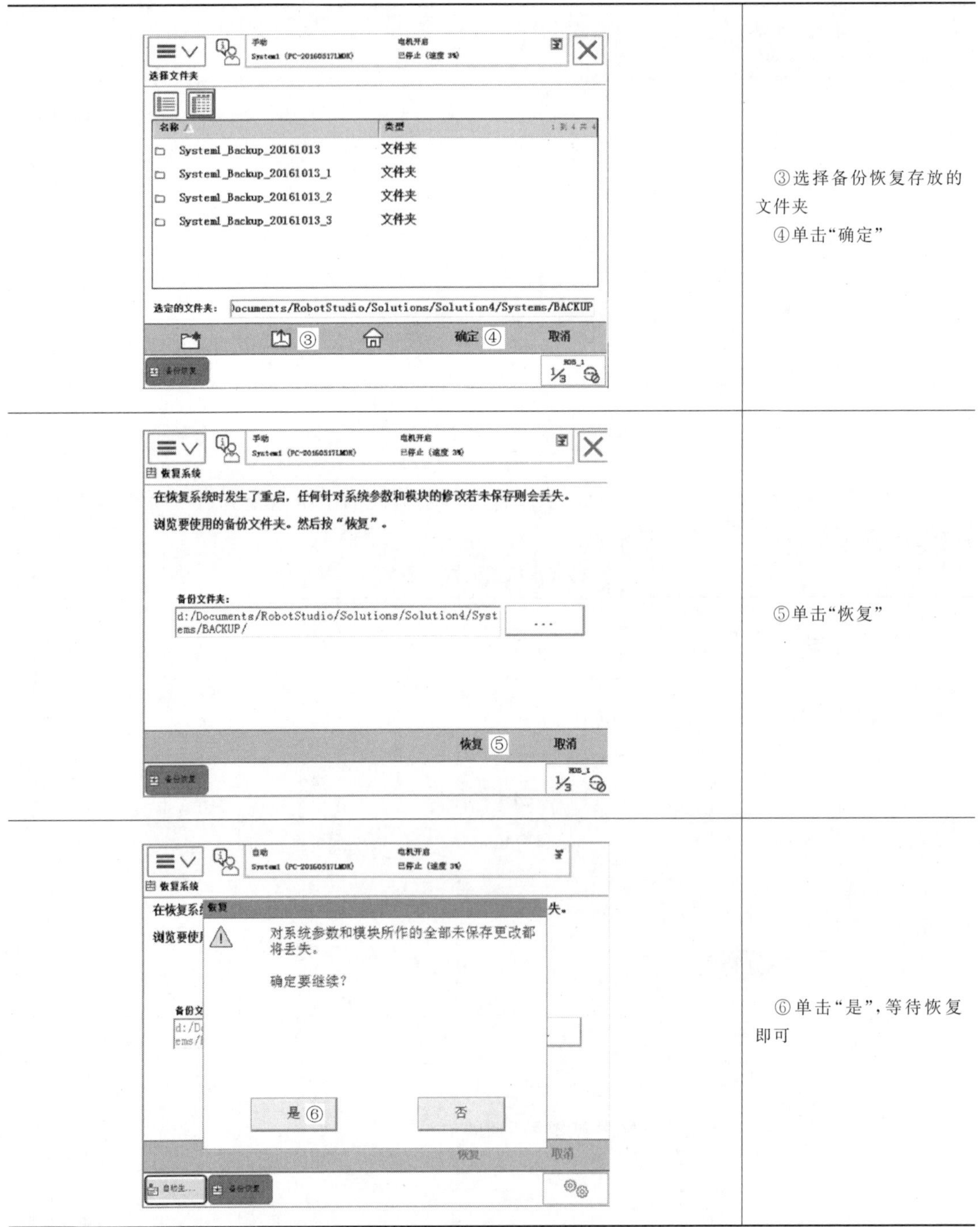

③选择备份恢复存放的文件夹

④单击“确定”

⑤单击“恢复”

⑥单击“是”，等待恢复即可

测试二

① 阐述示教器外在构造，并向教师或其他同学演示如何正确操纵示教器。

② 训练如何“设定示教器的显示语言”，并向教师或其他同学展示。

③ 训练如何“设定机器人系统时间”，并向教师或其他同学展示。

④ 训练如何“查看机器人常用信息与事件日记”，并向教师或其他同学展示。

⑤ 训练如何进行“机器人数据的备份与恢复”，并向教师或其他同学展示。

五、ABB机器人的手动操纵

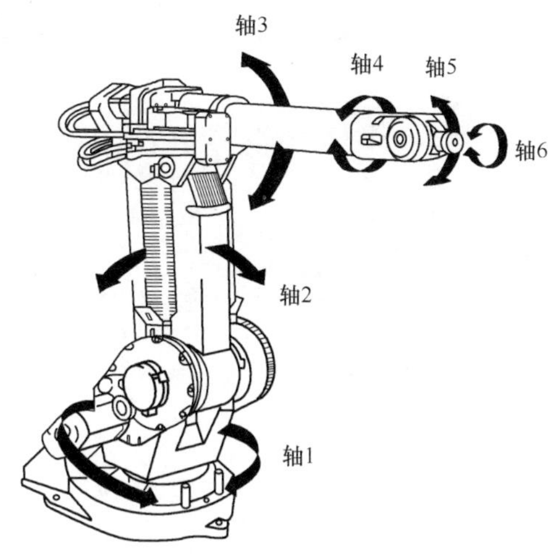

图 2-5　六个伺服电动机分别驱动机器人的六个关节轴

在实际工作中，往往需要手动操纵机器人进行位置数据修改、校准等工作。手动操纵机器人运动一共有三种模式：单轴运动、线性运动和重定位运动，下面介绍如何手动操纵机器进行这三种运动。

（一）机器人单轴运动的手动操纵

1. 单轴运动手动操纵方法

一般地，工业机器人由六个伺服电动机分别驱动机器人的六个关节轴，见图 2-5，每次手动操纵一个关节轴的运动，称为单轴运动。单轴运动机器人末端轨迹难以预测，一般只用于移动某个关节轴至指定位置、校准机器人关节原点等。单轴运动的手动操纵方法见表 2-7。

表 2-7　机器人单轴运动的手动操作方法

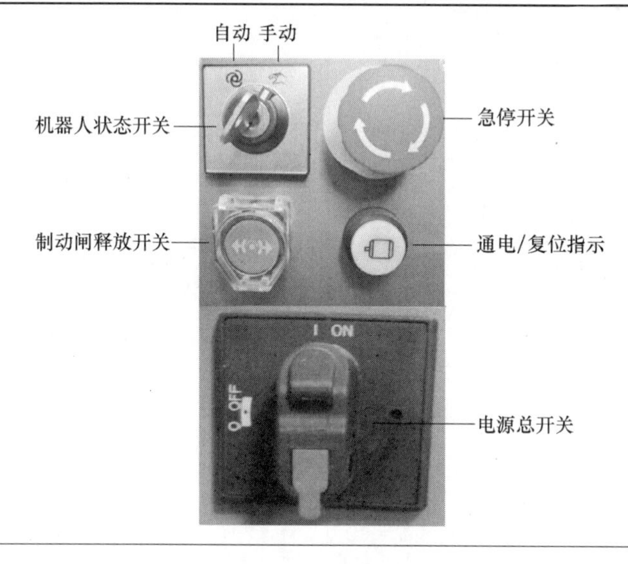	①急停开关应处在复位状态，将电源总开关打到 ON 状态，然后将控制柜上机器人状态钥匙切换到中间的手动状态
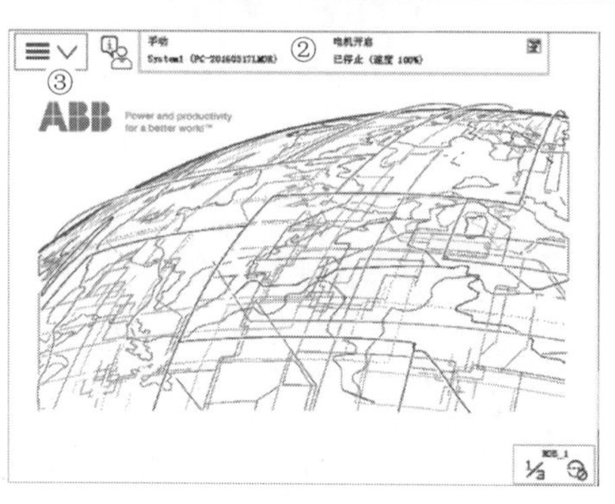	②确认状态栏中机器人的状态已显示为“手动” ③单击主菜单 ≡∨

续表

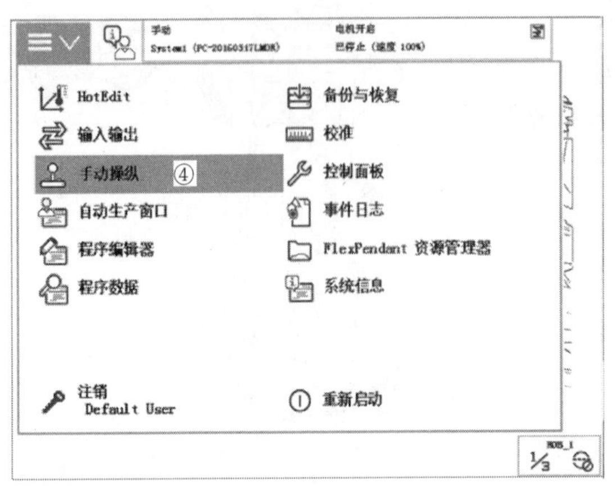

④选择“手动操纵”

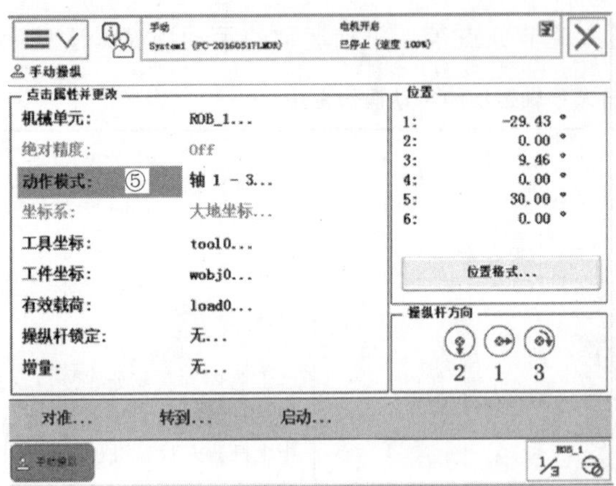

⑤单击“动作模式:”

手动
System1 (PC-20160517LMDR)
电机开启
已停止 (速度 100%)
手动操纵 - 动作模式
当前选择: 轴 1 - 3
选择动作模式。
轴 1 - 3 ⑥
轴 4 - 6
线性
重定位
确定 ⑦ 取消
ROB_1
1/3

⑥选择“轴 1-3”,然后单击“确定”,即可操纵 1～3 轴

注:如选中“轴 4-6”,就可以操纵 4～6 轴

⑦单击“确定”

续表

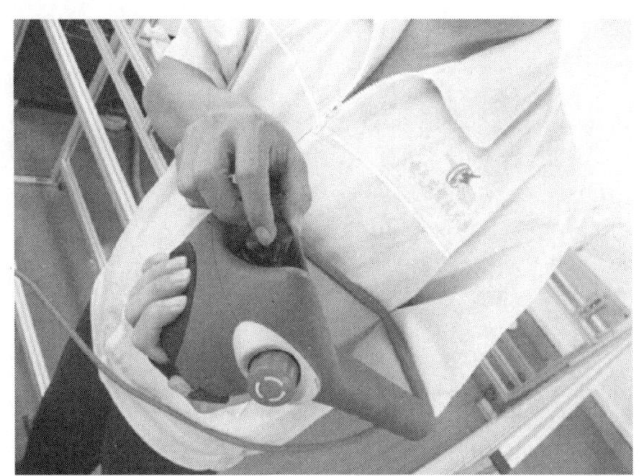	⑧左手按下使能按钮，进入“电动机开启状态”，同时，右手手持操纵杆，准备进行操纵 注：使能按钮的使用，读者可详细阅读“表 2-9 使能按钮的使用”
	⑨在状态栏中，确认“电动机开启”状态，同时右手手持操纵杆进行操纵 ⑩右下方的“操纵杆方向”，箭头所指代表该轴运动的正方向 注：操纵杆用于指挥各轴按一定的速度及角度进行运动。类似于汽车的油门，操纵杆的操纵幅度与机器人的运动速度有关，操纵幅度小，则机器人运动速度较慢；操纵幅度大，运动速度大。因此，初学者应尽量以小幅度操纵，使机器人慢慢运动，以免出现意外事故

机器人单轴运动的手动操纵，除了所展示的方式以外，还有不同的快捷方式，读者可自行探索，表 2-8 仅展示其中一种。

表 2-8 单轴运动的快捷方式

	①如无需进行工具坐标、有效载荷等参数设定时，可直接使用单轴运动快捷方式，快捷键的具体位置见左图

续表

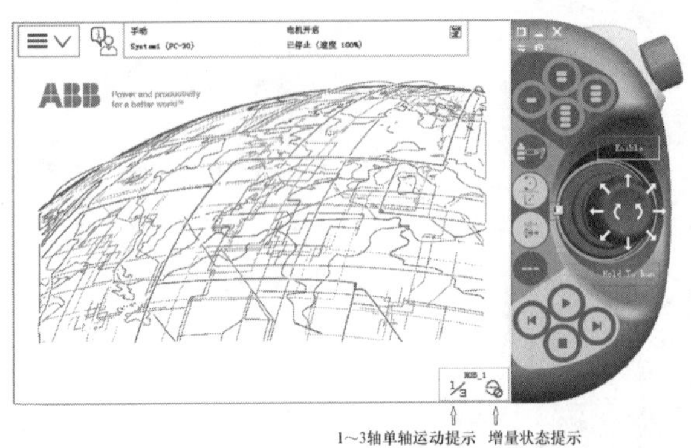	②按下单轴运动快捷键，则可以选择1～3轴还是4～6轴工作方式（触摸屏右下角会出现1～3轴或4～6轴的提示），操作人员可根据情况选择使用

2. 使能按钮的使用

在以上的练习中，往往感觉到使能按钮很难把握，因此，这里介绍使能按钮。使能按钮位于示教器手动操纵杆的右侧，具体应用见表2-9。

表2-9 使能按钮的使用

	①使能按钮是工业机器人为了保证操作人员的人身安全而设置的，位于示教器手动操纵杆右侧
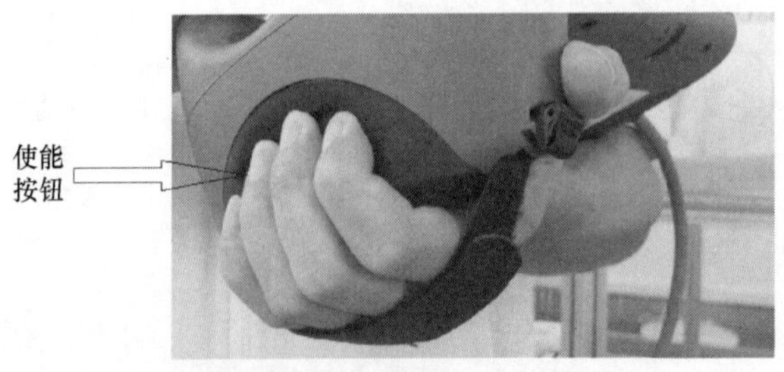	②操作人员应使用左手的四个手指进行操纵（如使用右手操纵，在屏幕中进行切换即可）

续表

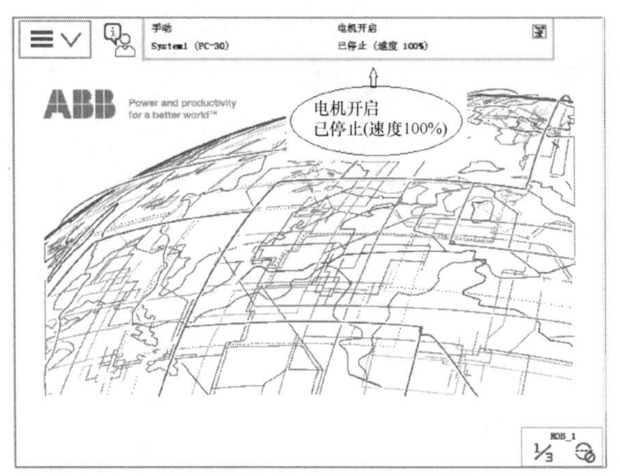	③使能按钮有两挡，在手动状态下第一挡按下去，机器人将处于电动机开启状态，此时可进行手动操纵等操作。第二挡按下以后，机器人就会处于防护装置停止状态，这是为了预防发生紧急事故时人的本能反应会松开或按紧，从而让机器人停机，保证安全
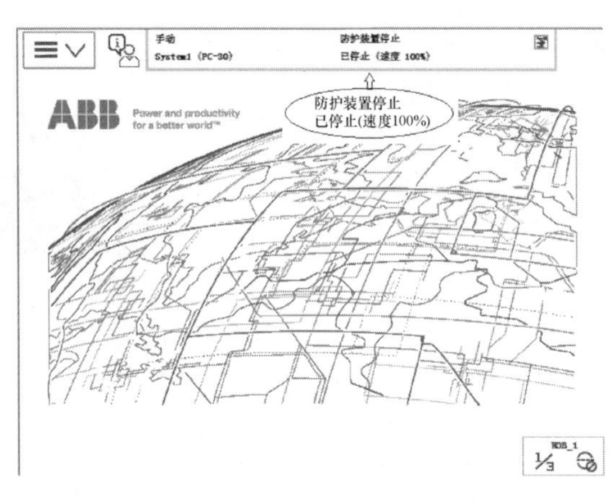	④当使能按钮松开或压到底（第二挡）时，机器人停机

测试三

① 分别进行示教器语言的设定、机器人系统时间设定、数据备份与恢复训练。

② 分别进行 1～6 轴单轴运动操纵，同时观察操纵杆转动与实际的动作之间的关系。

（二）线性运动的手动操纵

1. 常规 TCP

TCP，即工具中心点（Tool Center Point）的缩写，无论是何种品牌的工业机器人，事先都定义了一个工具坐标系，无一例外地将这个坐标系 *XY* 平面绑定在机器人第六轴的法兰盘平面上，坐标原点与法兰盘中心重合。显然，这时 TCP 就在法兰盘中心（默认 TCP 点），此时，TCP 跟随机器人本体一起运动，ABB 机器人把这个工具坐标系称为 tool0，见图 2-6。

虽然可以直接使用默认的 TCP，但是在实际使用时，比如焊接，用户通常把 TCP 点定义到焊丝的尖端，那么程序里记录的位置便是焊丝尖端的位置，记录的姿态便是焊枪围绕焊丝尖端转动的姿态，见图 2-7。

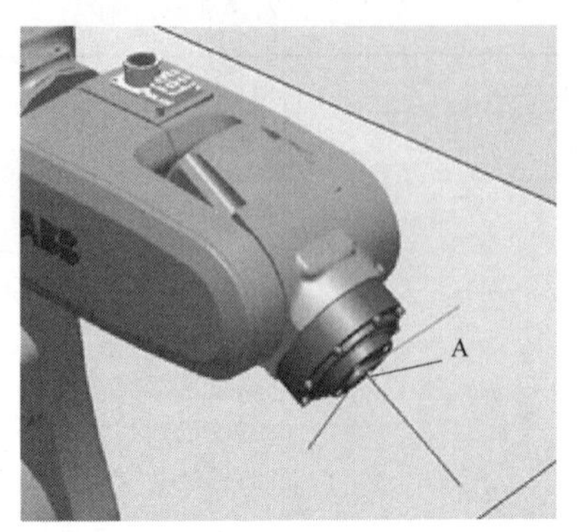

图 2-6 常规 TCP

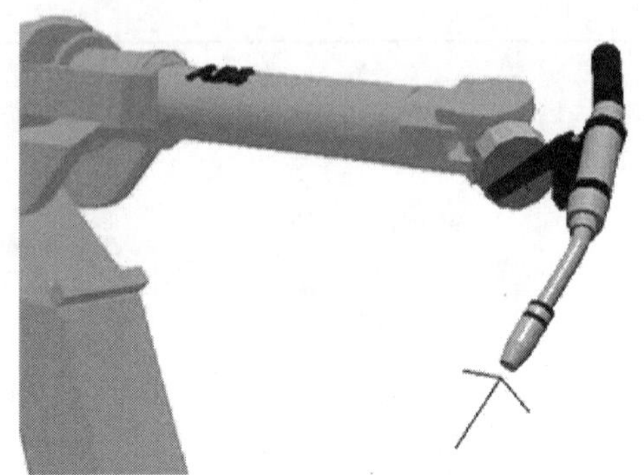

图 2-7 焊枪的 TCP

2. 机器人线性运动

机器人的线性运动指的是机器人 TCP 点沿着指定的参考坐标系的坐标轴方向进行线性移动，在运动过程中各轴根据情况会转动，但工具的姿态不变，常用于空间范围内移动机器人 TCP 位置。如图 2-8 所示，从 P10 点到 P20 点，机器人的运动轨迹是一条直线，其特点是工具姿态保持不变，只是位置改变。

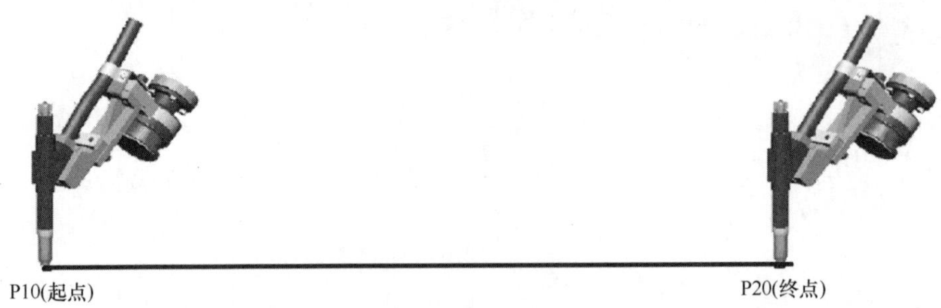

图 2-8 机器人线性运动

线性运动的手动操纵方法，见表 2-10。

表 2-10 线性运动的手动操纵方法

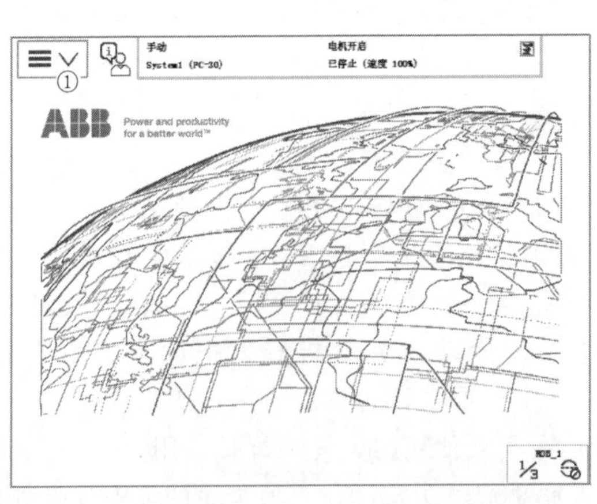	①单击主菜单

续表

<table>
<tr><td>

</td><td>②单击“手动操纵”</td></tr>
<tr><td>

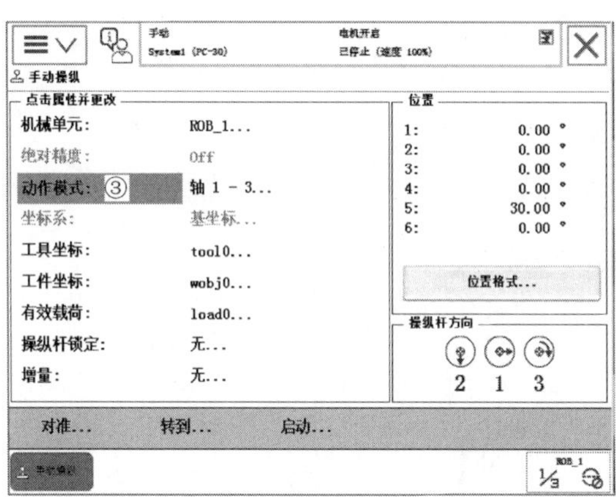

</td><td>③单击“动作模式:”</td></tr>
<tr><td>

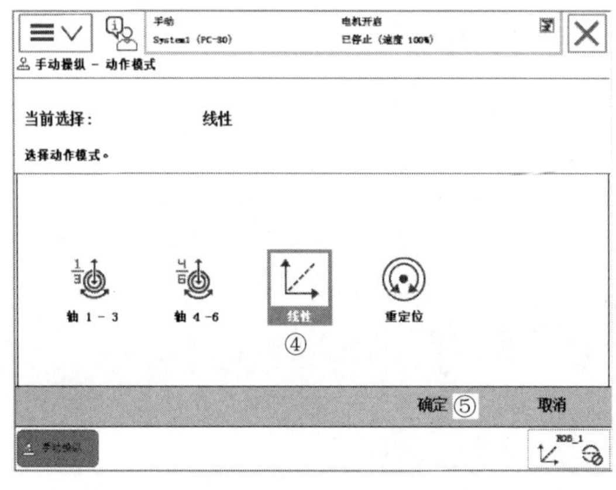

</td><td>④选择“线性”
⑤单击“确定”</td></tr>
</table>

续表

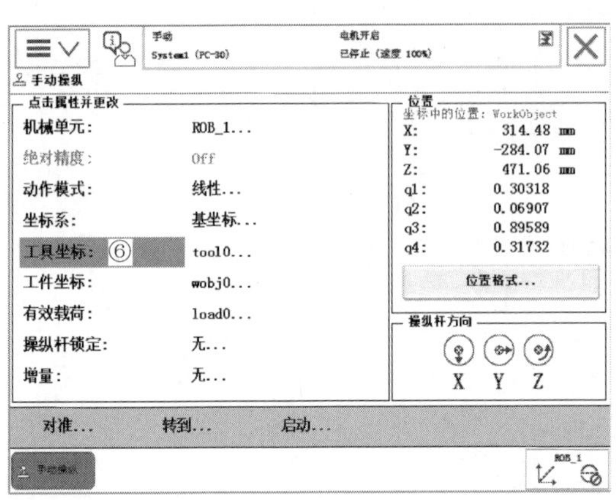

⑥单击“工具坐标:”

手动
System1 (PC-30)
电机开启
已停止 (速度 100%)
手动操纵 - 工具
当前选择: tool1
从列表中选择一个项目。

工具名称	模块	范围
tool0	RAPID/T_ROB1/BASE	全局
tool1	RAPID/T_ROB1/user ⑦	任务

新建... 编辑 确定 ⑧ 取消

⑦根据实际情况选择对应工具“tool0”或“tool1”

关于工具数据的建立,请查看本书任务三中的“工具数据”相关内容

⑧单击“确定”

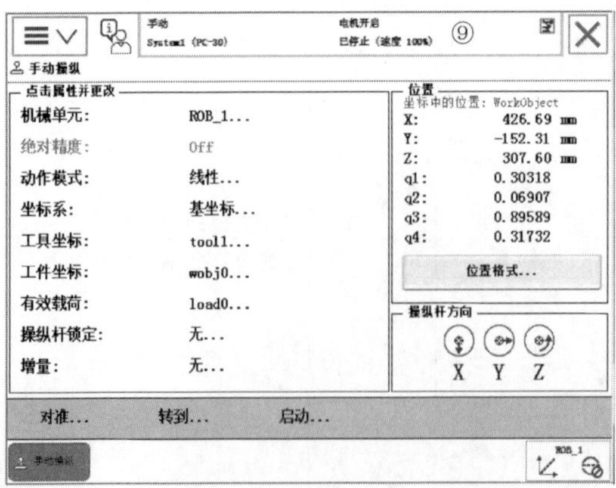

⑨左手按下使能按钮,进入“电机开启”状态,并在状态栏确认“电机开启”状态

续表

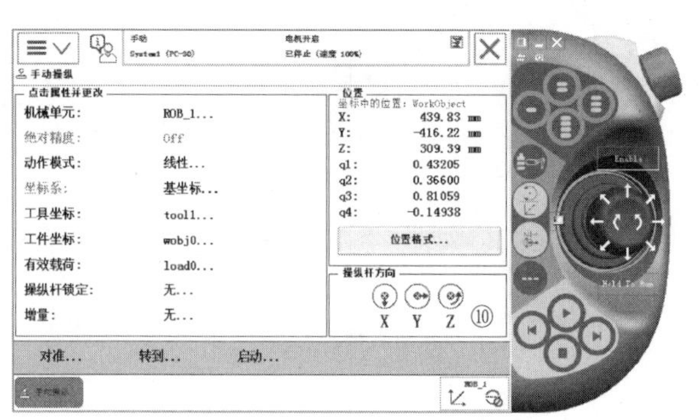	⑩显示轴 X、Y、Z 的操纵杆方向，箭头代表正方向
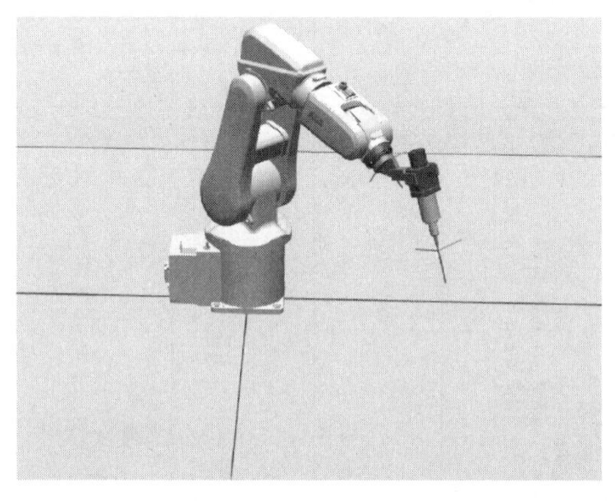	⑪操纵示教器上的操纵杆，工具的 TCP 点根据预设路线作线性运动

（三）重定位运动的手动操纵

机器人的重定位运动是指机器人第六轴法兰盘上的工具 TCP 点在空间中绕着坐标轴旋转的运动，也可以理解为机器人绕着工具 TCP 点作姿态调整的运动，以下是重定位运动的手动操纵方法，见表 2-11。

表 2-11　重定位运动的手动操纵方法

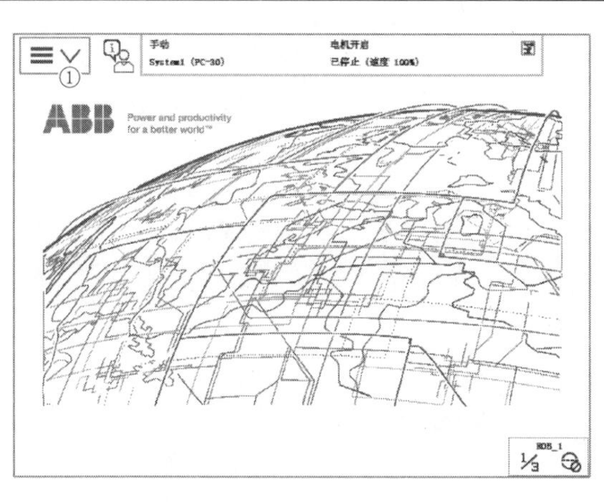	①单击主菜单

续表

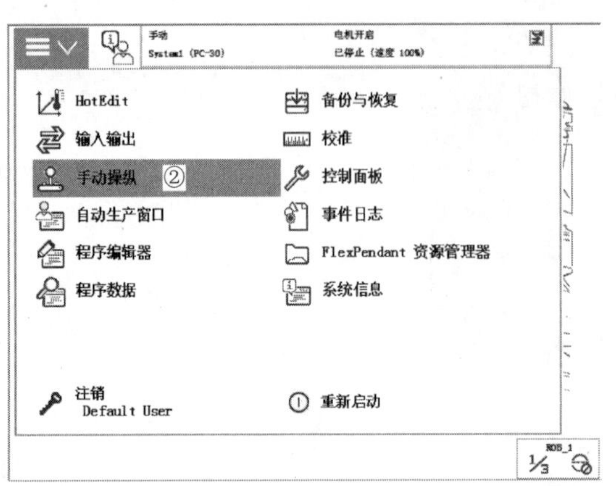	②单击“手动操纵”
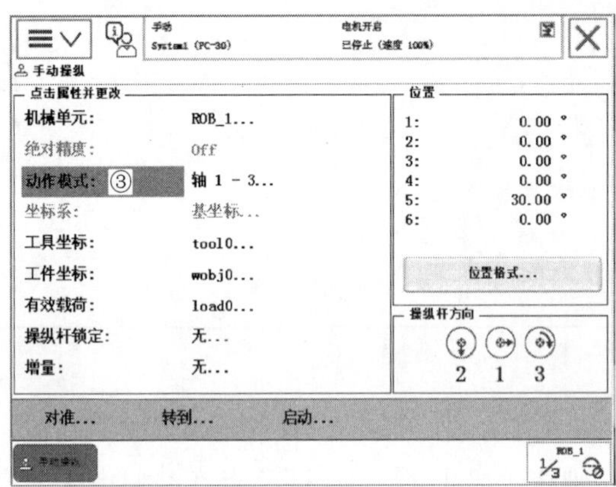	③单击“动作模式:”
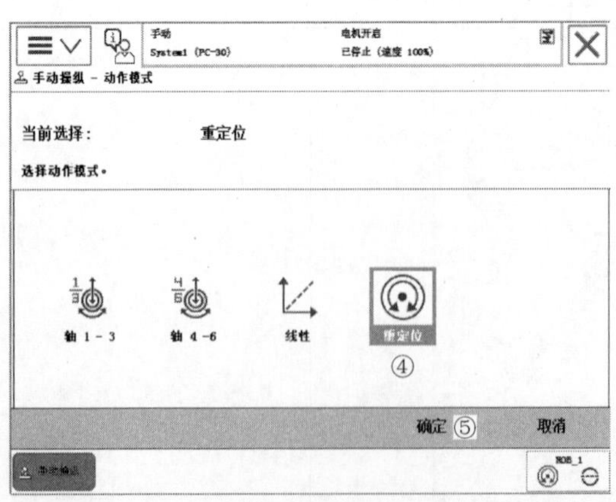	④选择“重定位” ⑤单击“确定”

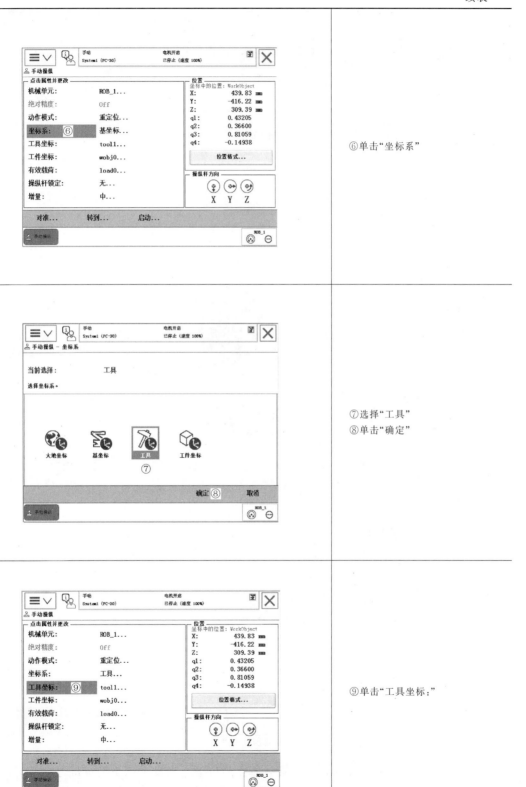

续表

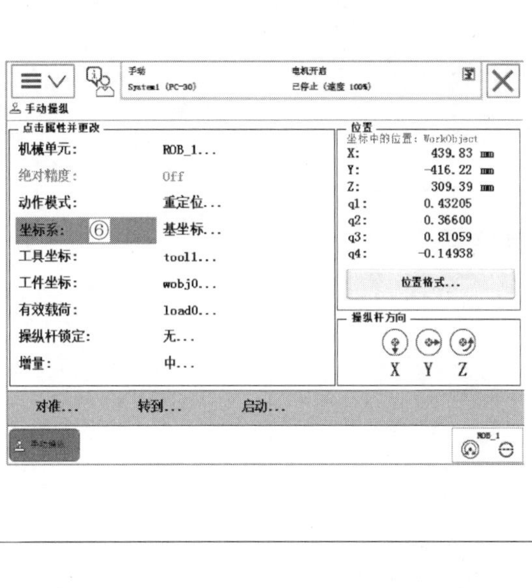	⑥单击“坐标系”
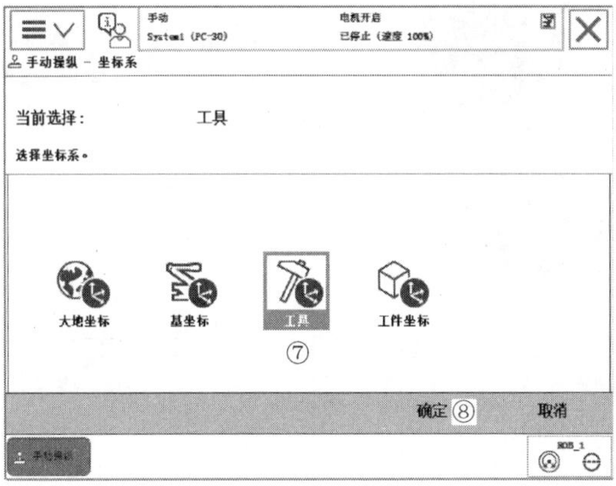	⑦选择“工具” ⑧单击“确定”
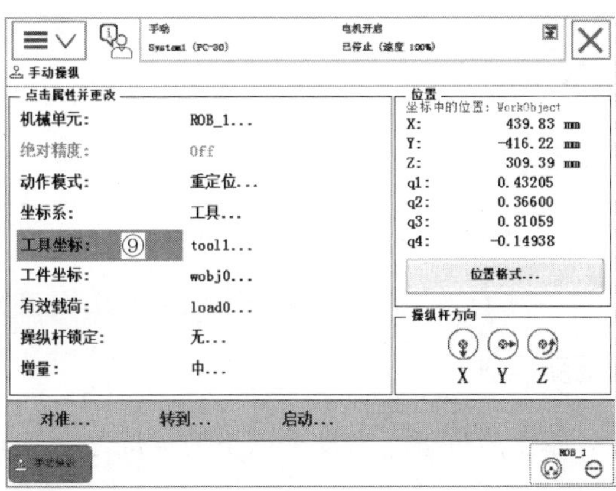	⑨单击“工具坐标:”

续表

<table>
<tr><td>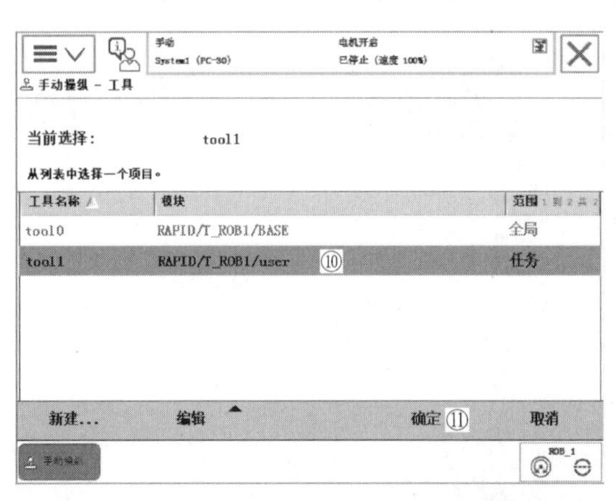
</td><td>⑩选中“tool1”
⑪单击“确定”</td></tr>
<tr><td>
</td><td>⑫用左手按下使能按钮，进入“电机开启”状态，在状态栏中，确认“电机开启”
⑬显示轴 X、Y、Z 的操纵杆方向，箭头所指方向代表正方向</td></tr>
<tr><td>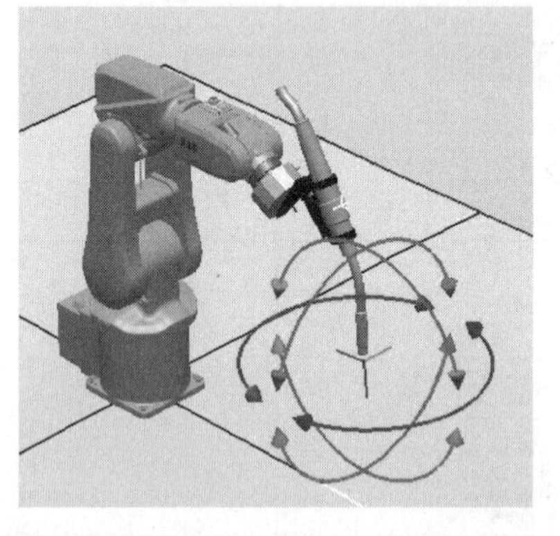</td><td>⑭操纵示教器上的操纵杆，机器人绕着工具 TCP 点作姿态调整的运动</td></tr>
</table>

注：进行重定位运动手动操纵前，需要采用“6 点法”建立工具数据，请查看本书任务三中的“工具数据”相关内容。

（四） ABB 机器人的转数计数器更新操纵

ABB 机器人每个关节轴都有一个机械原点的位置。当发生以下的情况之一时，需要对机械原点的位置进行转数计数器的更新操作。

① 更换伺服电动机转数计数器电池后。

② 当转数计数器发生故障，修复后。
③ 转数计数器与测量板之间断开过以后。
④ 断电后，机器人关节轴发生了移动。
⑤ 当系统报警提示“10036 转数计数器未更新”时。
进行 ABB 机器人 IRB120120 转数计数器更新的操作，见表 2-12。

表 2-12　ABB 机器人 IRB120120 转数计数器更新操作

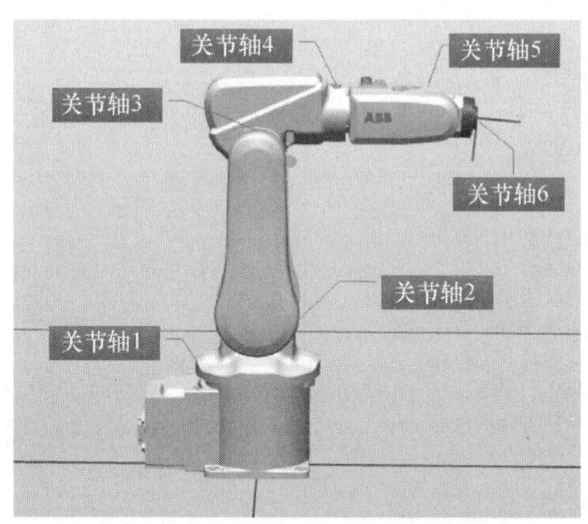	①机器人六个关节轴的机械原点刻度示意图 注:1. 使用手动操纵让机器人各关节轴运动到机械原点刻度位置的顺序是:4-5-6-1-2-3 2. 各个品牌及型号的机器人机械原点刻度位置会有所不同,可参考相应产品说明书
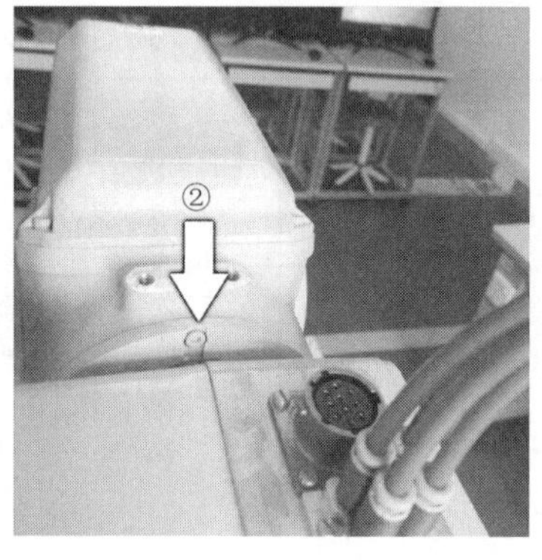	②在手动操纵菜单中,选择“轴 4-6”动作模式(具体步骤可见表 2-7“机器人单轴运动的手动操作方法”,下同),将关节轴 4 运动到机械原点的刻度位置
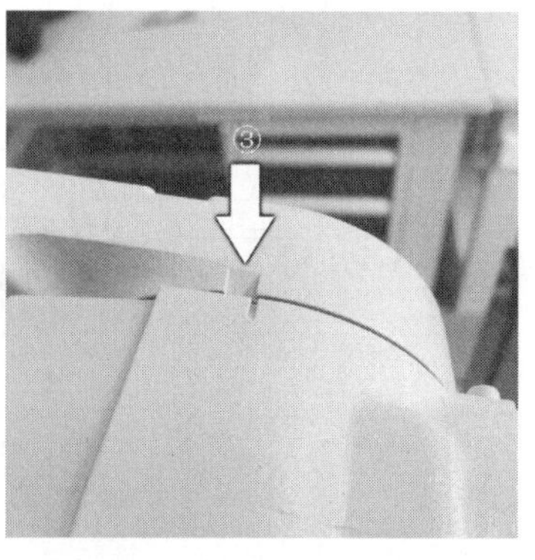	③在手动操纵菜单中,选择“轴 4-6”动作模式,将关节轴 5 运动到机械原点的刻度位置

续表

	④在手动操纵菜单中，选择“轴 4-6”动作模式，将关节轴 6 运动到机械原点的刻度位置
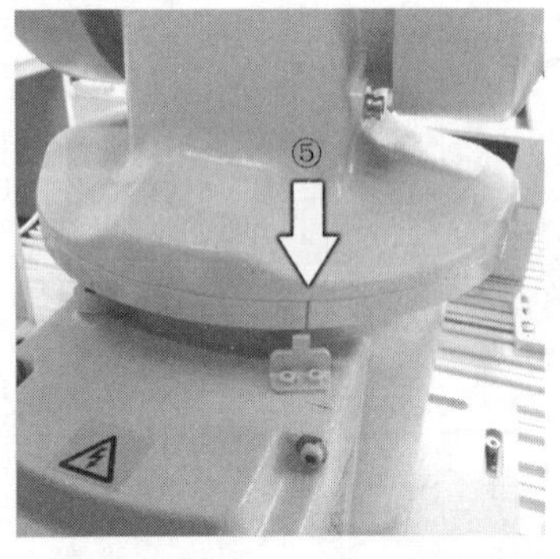	⑤在手动操纵菜单中，选择“轴 1-3”动作模式，将关节轴 1 运动到机械原点的刻度位置
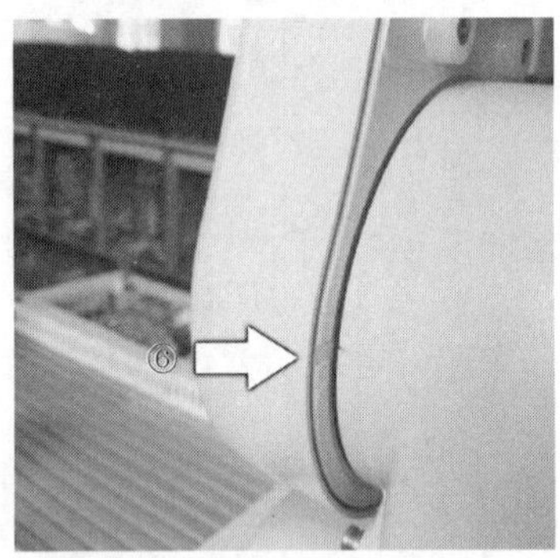	⑥在手动操纵菜单中，选择“轴 1-3”动作模式，将关节轴 2 运动到机械原点的刻度位置
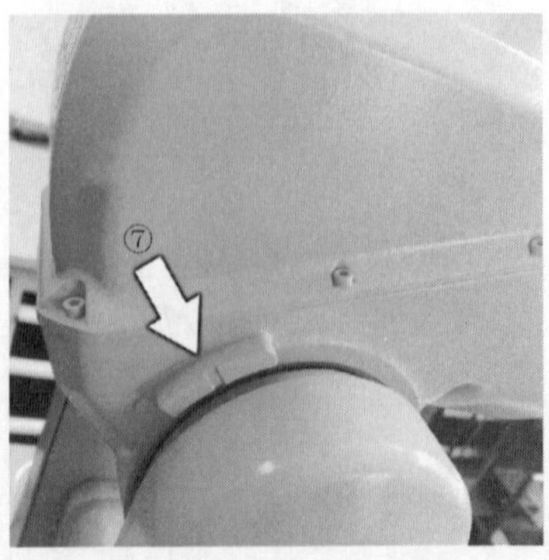	⑦在手动操纵菜单中，选择“轴 1-3”动作模式，将关节轴 3 运动到原点的刻度位置

续表

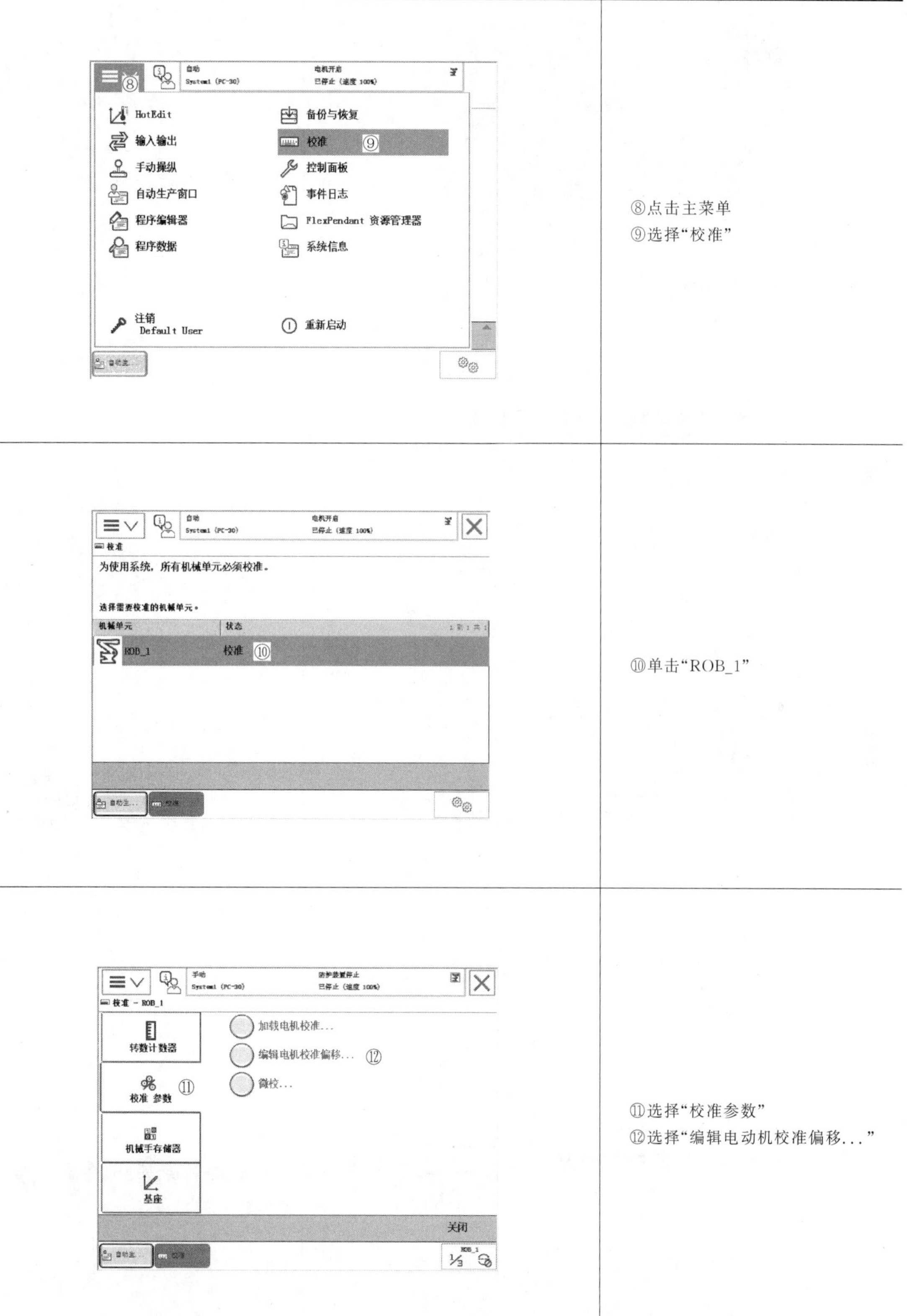

⑧点击主菜单
⑨选择“校准”

⑩单击“ROB_1”

⑪选择“校准参数”
⑫选择“编辑电动机校准偏移...”

续表

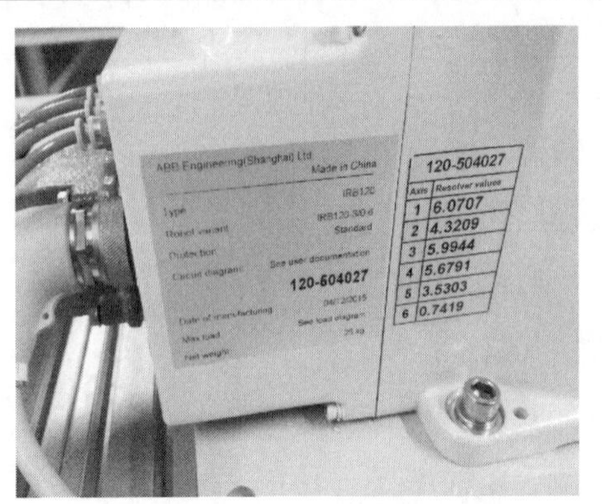	⑬将机器人本体上电动机校准偏移记录下来(位于机器人机身底座)
	⑭单击"是"
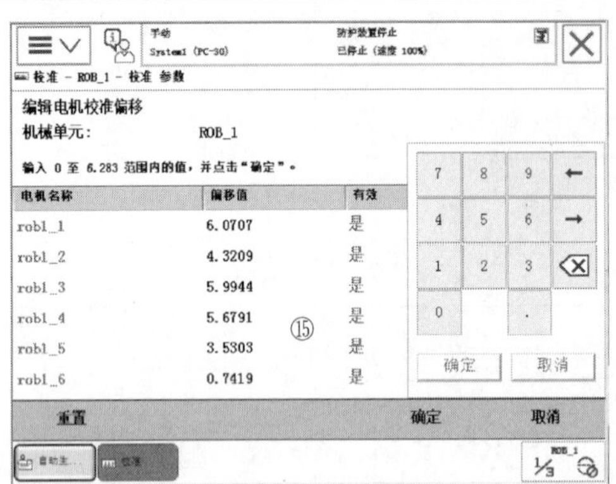	⑮输入刚才从机器人本体记录的电机校准偏移数据，然后单击"确定"。如果示教器中显示的数据与机器人本体上的标签数据一致，则无需修改，直接单击"取消"退出，跳到⑲
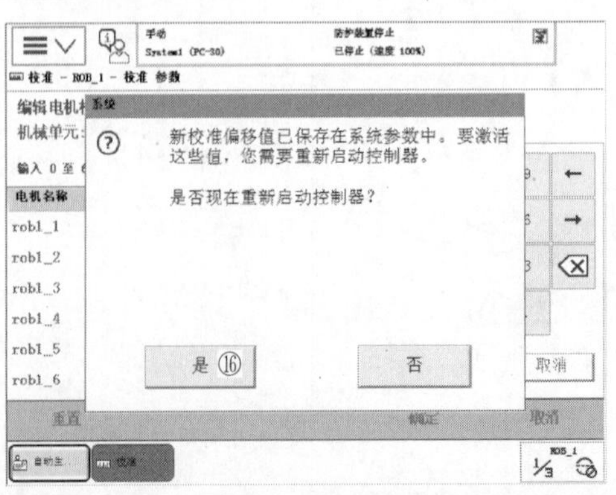	⑯确定修改后，在弹出的重启对话框中单击"是"

续表

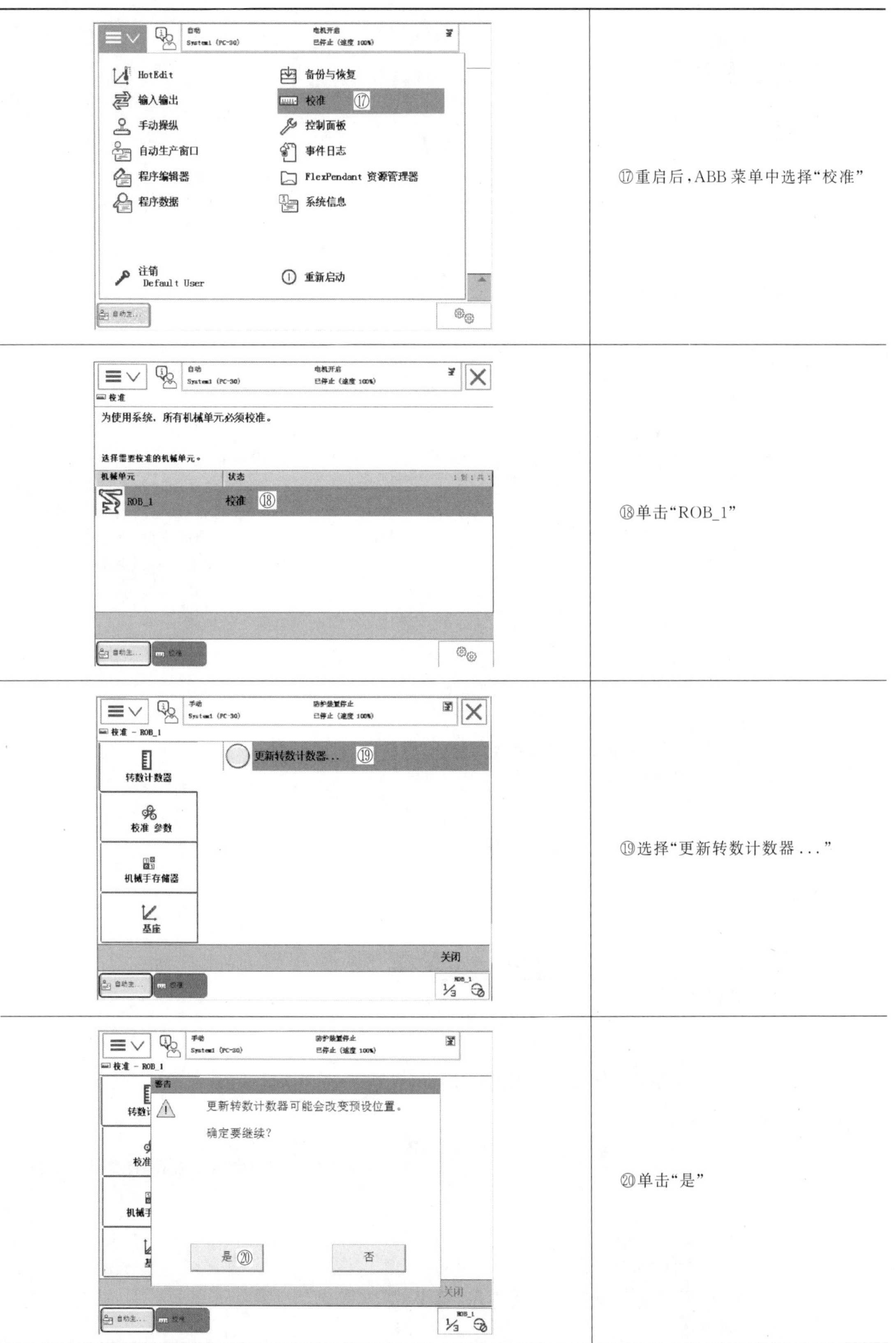

操作界面	说明
	⑰重启后，ABB 菜单中选择“校准”
	⑱单击“ROB_1”
	⑲选择“更新转数计数器...”
	⑳单击“是”

续表

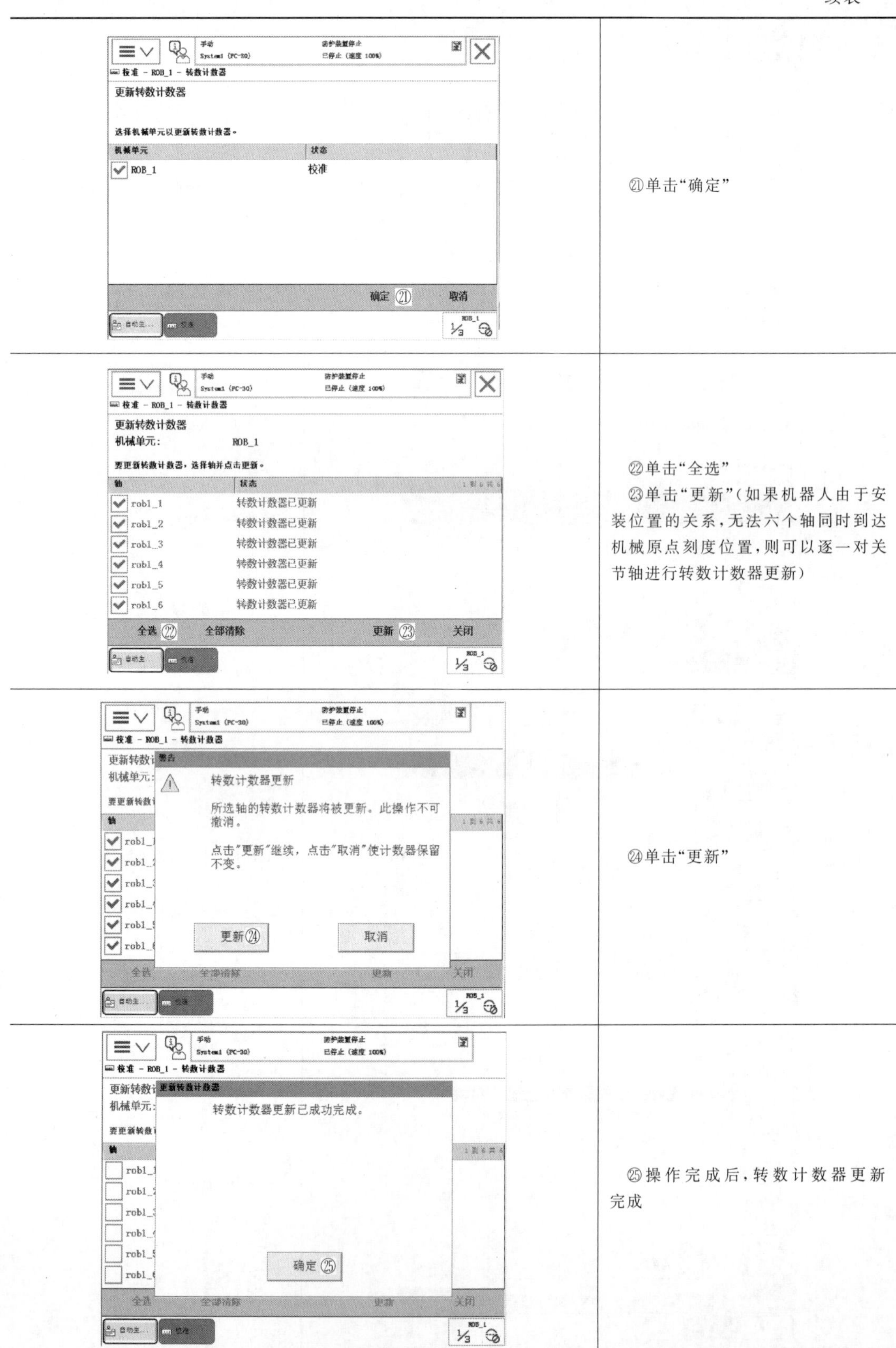

㉑单击“确定”

㉒单击“全选”

㉓单击“更新”（如果机器人由于安装位置的关系，无法六个轴同时到达机械原点刻度位置，则可以逐一对关节轴进行转数计数器更新）

㉔单击“更新”

㉕操作完成后，转数计数器更新完成

六、关机

机器人完成工作后或经一段时间工作后，需要进行维护保养，在维护保养时，需要关闭机器人。如直接关闭机器人的电源进行关机，则会类似电脑直接关闭电源关机一样，容易出现系统崩溃、硬件损坏的现象。因此，机器人的关机必须遵循严格的关机程序。表 2-13 为机器人关机步骤。

表 2-13 机器人关机步骤

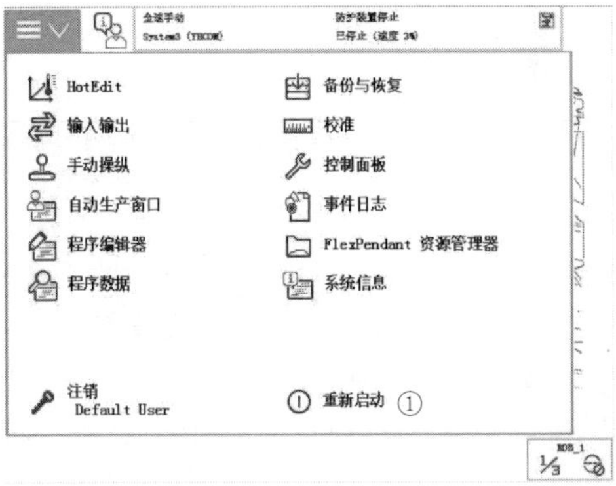	①单击“重新启动”
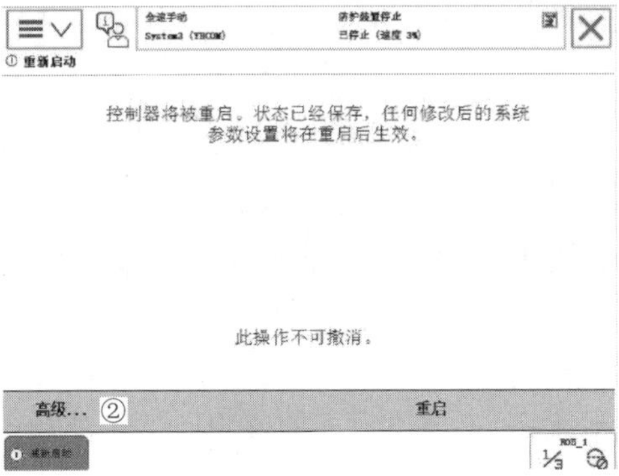	②选择“高级...”
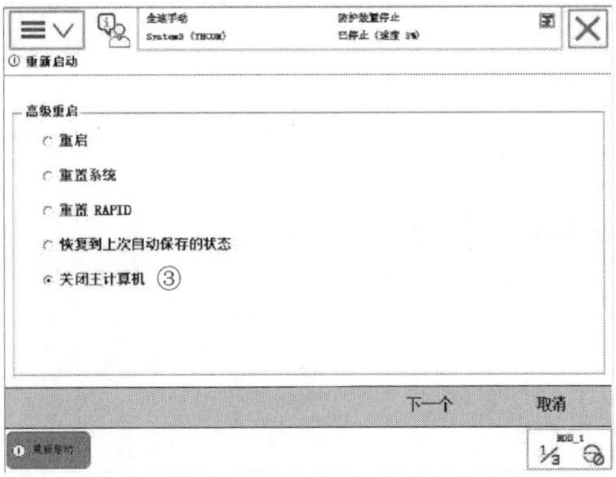	③选择“关闭主计算机”

续表

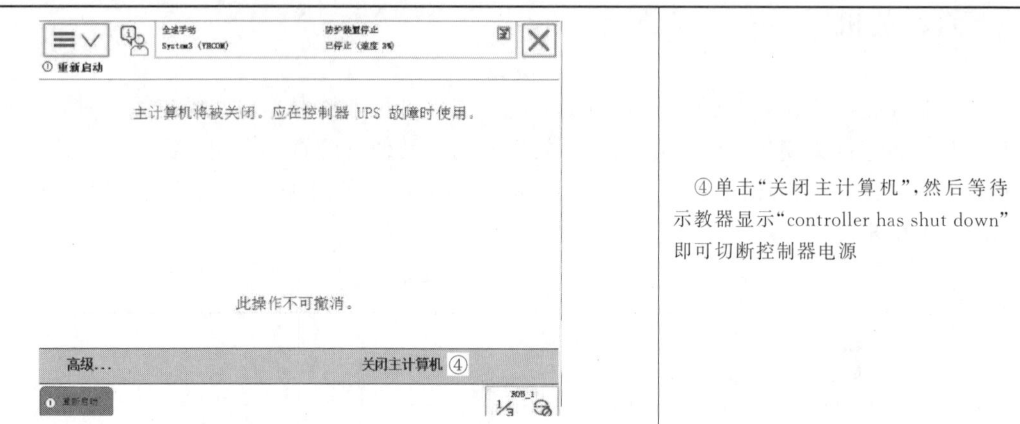	④单击“关闭主计算机”，然后等待示教器显示“controller has shut down”即可切断控制器电源

注：机器人关机后进行维修维护时，必须将电源断开，以防发生触电、机器人误动作等安全事故。

测试四：

① 采用线性运动方式将方块从 *A* 点搬运到 *B* 点，并写出与单轴运动的不一致的地方。

② 在指定的训练装置上让机器人 TCP 采用线性运动方式按一条直线移动。

③ 按照表 2-11 的步骤进行重定位手动操纵，并思考重定位操纵应用于什么场合。

④ 使用正确的步骤关机。

【知识拓展】

一、增量模式

在单轴运动或线性运动训练中，初学者很难通过操纵杆准确控制机器人的运动速度，此时，可以使用“增量”模式来控制机器人的运动速度。所谓“增量模式”即操纵杆每位移一次，机器人就移动一步，如果操纵杆持续 1 秒或数秒，机器人就会持续移动（按 10 步/秒速率，大家可以观察到机器人的运动并不是很流畅）。增量模式的使用，见表 2-14。

表 2-14　增量模式的使用

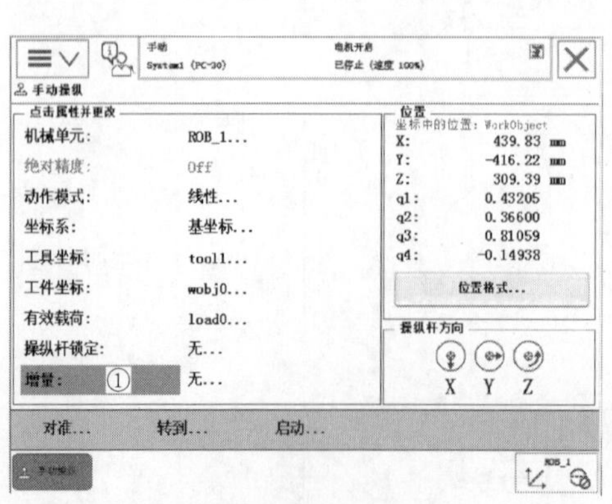	①选择“手动操纵”后，单击“增量：”

续表

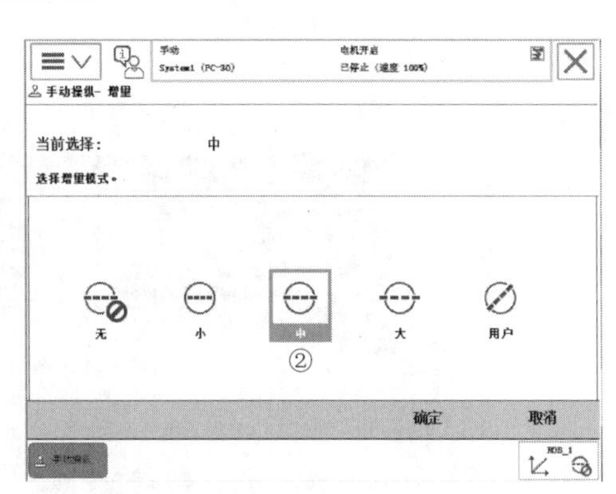	②根据需要选择"小""中""大"增量，然后单击确定；小、中、大增量的每步移动距离等参数见表 2-15，如需要自己定义每步移动距离，请选择"用户"

表 2-15　增量等级及对应数据

增量	移动距离/mm	角度/(°)
小	0.05	0.005
中	1	0.02
大	5	0.2
用户	自定义	自定义

增量的选择同样有快捷方式，读者可自行查找。

二、机器人坐标系

工业机器人通用的坐标系一般有基坐标系、大地坐标系、工具坐标系、工件坐标系，坐标系在机器人的应用中起到重要作用，不同品牌的机器人坐标系的称呼会有所不同，现以 ABB 工业机器人为例，分别介绍各个坐标。

1. 坐标系的定义及坐标系在机器人应用中的作用

坐标系是指从一个称为原点的固定点通过轴定义平面或空间。如平面直角坐标系、空间直角坐标系、高斯-克吕格坐标系等。在工业机器人应用领域，主要使用空间直角坐标系（包括大地坐标、工具坐标等）。

机器人的目标和位置通过沿坐标系轴的测量来定位。使用不同的坐标系，每一坐标系都适用于特定类型的微动控制或编程。

注：微动控制就是使用示教器操纵杆手动定位或移动机器人或外轴。

2. 基坐标系

基坐标系在机器人基座中有相应的零点，这使固定安装的机器人的移动具有可预测性，见图 2-9，因此它对于将机器人从一个位置移动到另一个位置很有帮助。

在正常配置的机器人系统中，当人站在机器人的前方并在基坐标系中进行微动控制，将控制杆拉向自己一方时，机器人将沿 X 轴移动；向两侧移动控制杆时，机器人将沿 Y 轴移动。扭动控制杆，机器人将沿 Z 轴移动（读者可以试一试）。

快速判断机器人基坐标系的方法如下。

① 手拿示教器站在工业机器人正前方（如图 2-10 所示）。

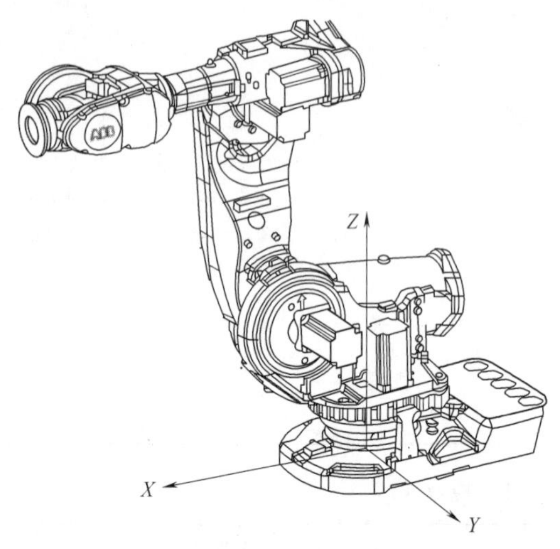

图 2-9 基坐标系

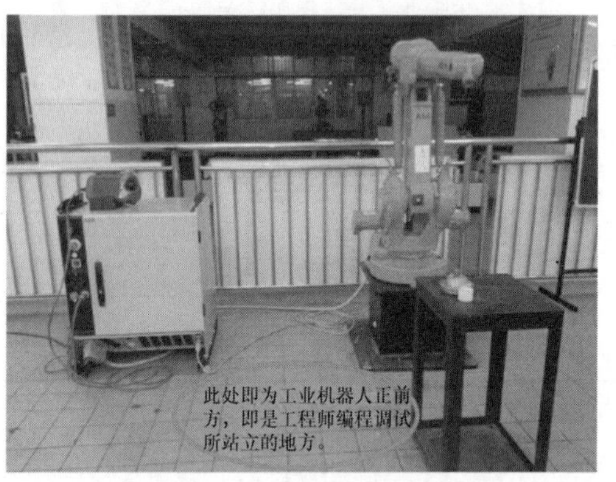

此处即为工业机器人正前方，即是工程师编程调试所站立的地方。

图 2-10 基坐标系的判断（一）

② 面向工业机器人，举起右手于视线正前方摆手势（如图 2-11 所示）。

③ 由此可得：中指所指方向即为基坐标 $X+$，拇指所指方向即为基坐标 $Y+$，食指所指方向即为基坐标 $Z+$。

3. 大地坐标系

大地坐标系在工作单元或工作站中的固定位置有其相应的零点，这有助于处理若干个机器人或由外轴移动的机器人，见图 2-12。

图 2-11 基坐标系判断（二）

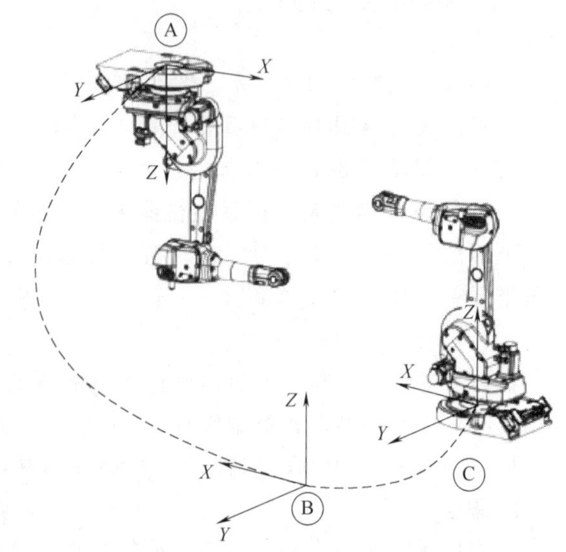

图 2-12 基坐标系与大地坐标系的区别

A—机器人 1 基坐标系；B—大地坐标系；C—机器人 2 基坐标系

在默认情况下，大地坐标系与基坐标系是一致的，假如有两个机器人，一个安装于地面，一个倒置（见图 2-12）。倒置机器人的基坐标系也将上下颠倒。如果在倒置机器人的基坐标系中进行微动控制，则很难预测移动情况，此时可选择共享大地坐标系取而代之。

4. 工件坐标系

工件坐标系由工件原点与坐标轴方位构成。使用了工件坐标系的指令中，坐标数据是相对工件坐标系的位置，一旦工件坐标系移动，相关轨迹点相对大地同步移动（见图 2-13）。用一种通俗的说法就是，用尺子进行测量的时候，尺子上零刻度的位置作为测量对象的起点。在工业机器人中，在工作对象上进行运作的时候，也需要一个像尺子一样的零刻度起点，方便进行编程和坐标的偏移。

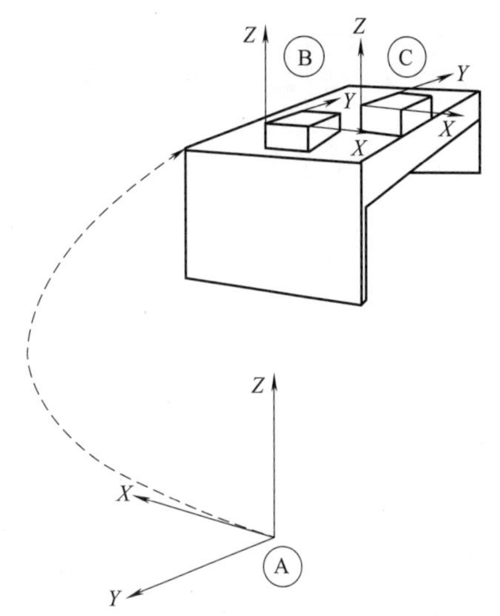

图 2-13　大地坐标系与工件坐标系的关系

A—大地坐标系；B—工件坐标系 1；C—工件坐标系 2

工件坐标系对应工件：它定义工件相对于大地坐标系（或其他坐标系）的位置。

工件坐标系必须定义于两个框架：用户框架（与大地基座相关）和工件框架（与用户框架相关）。

机器人可以拥有若干工件坐标系，或者表示不同工件，或者表示同一工件在不同位置的若干副本。

对机器人进行编程时就是在工件坐标系中创建目标和路径。这带来很多优点：

① 重新定位工作站中的工件时，只需更改工件坐标系的位置，所有路径将即刻随之更新。

② 允许操作以外轴或传送导轨移动的工件，因为整个工件可连同其路径一起移动。

5. 用户坐标系

用户坐标系可用于表示固定装置、工作台等设备。这就在相关坐标系链中提供了一个额外级别，有助于处理持有工件或其他坐标系的处理设备，见图 2-14。

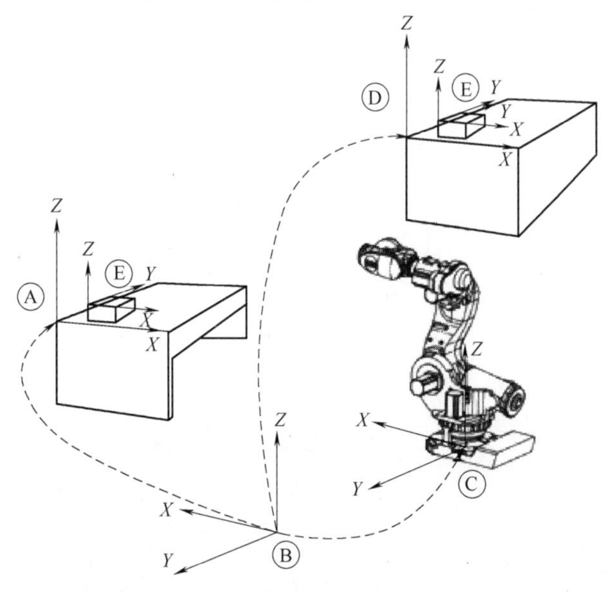

图 2-14　用户坐标系与其他坐标系的关系

A—用户坐标系；B—大地坐标系；C—工件坐标系；D—移动用户坐标系；E—工件坐标系，与用户坐标系一同移动

【任务实施】

工作任务单见表 2-16。

表 2-16 工作任务单

工单号：________________ 日期：

工作任务	工业机器人基本操作培训		
项目负责人		项目组成员	
开工时间		完工时间	
验收标准		运动轨迹	
要求 (篇幅较大时，可用附件说明)	某公司采购机器人后，要求你负责对他们员工进行基本操作的培训，你需要根据客户的实际情况制订出合适的培训计划，并针对机器人的单轴运动、线性运动、重定位运动、转数计数器更新操作、关机的操作等基本应用进行逐个培训、讲解，并初步理解机器人的各种坐标系		
培训效果 (客户评价)		日期	

任务三

ABB机器人的程序数据与简单编程

能力目标

1. 能阐述机器人运动、逻辑判断等指令的含义。
2. 能使用机器人运动、逻辑判断等指令进行简单编程。
3. 能阐述程序数据的分类。
4. 能进行工具数据（tooldata）、工件坐标（wobjdata）、有效载荷（loaddata）的设定。

工作任务描述

在某加工设备上，要求机器人按照预定的轨迹进行运动（详见任务实施），请采用MoveL等指令，编写程序并调试。

【学习准备】

一、程序数据

（一）程序数据的定义

程序数据是在程序模块或系统模块中设定的值或定义的一些环境数据。创建的程序数据由同一个模块或其他模块中的指令进行引用。如图3-1所示，方框中是一条常用的机器人关节运动的指令，调用了四个程序数据。图3-1中所使用的程序数据说明见表3-1。

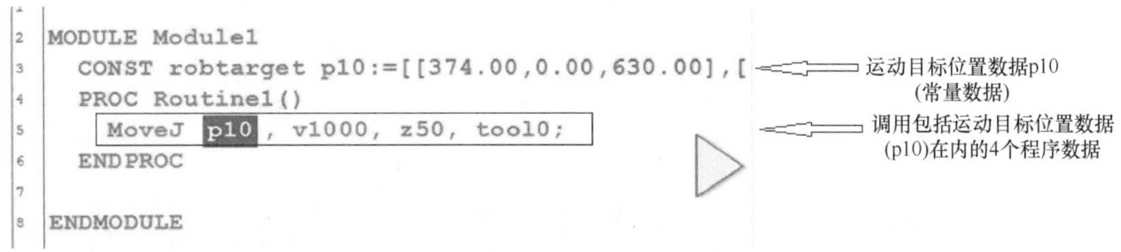

图3-1　程序数据

（二）程序数据的类型分类与存储类型

1. 程序数据的类型分类

ABB机器人的程序数据有76个，并且为了编程方便，还允许进行程序数据的创建。在示教器的“程序数据”窗口可查看和创建所需要的程序数据，如表 3-2 所示。

表 3-1　程序数据说明

程序数据	数据类型	说明
p10	robtarget	机器人运动目标位置数据
v1000	speeddata	机器人运动速度数据
z50	zonedata	机器人运动转弯数据
tool0	tooldata	机器人 TCP 工作数据

表 3-2　查看和创建程序数据

操作界面	说明
	①单击主菜单 ②单击“程序数据”
	③可从列表中通过点击▽查找各种数据，如要查看相应数据，单击该数据名称即可，如要新建一个数据，请往下阅读
	④以建立一个变量数值数据 length，并赋予初始值 6 为例 找到“num”，单击“num”

续表

	⑤单击“新建...”
	⑥单击“...”
	⑦输入“length”后，单击“确定”

续表

<table>
<tr><td>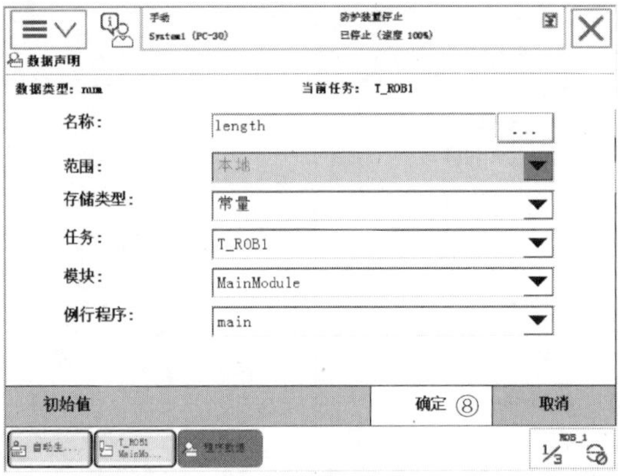
</td><td>⑧点击▼选择合适的参数后（如将存储类型改为变量），单击“确定”</td></tr>
<tr><td>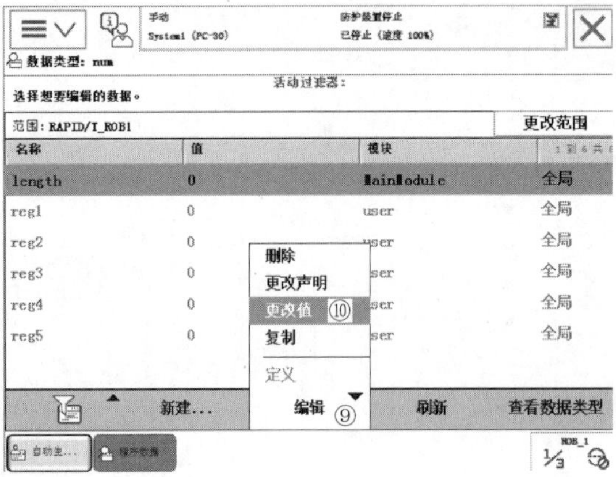
</td><td>⑨单击“编辑”
⑩单击“更改值”</td></tr>
<tr><td>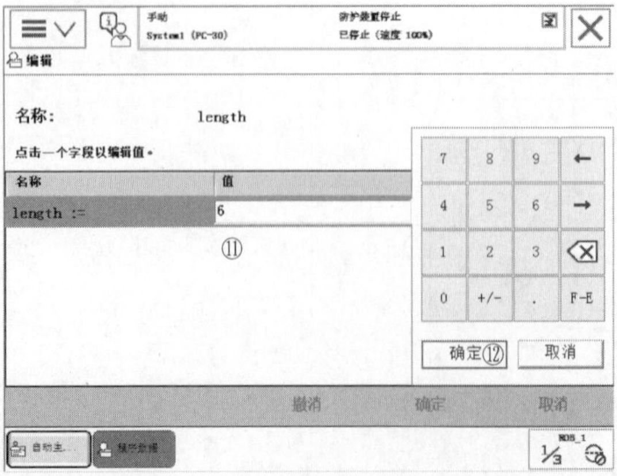
</td><td>⑪输入初始值
⑫单击“确定”</td></tr>
</table>

续表

 手动 System1 (PC-30) 防护装置停止 已停止（速度 100%） 编辑 名称: length 点击一个字段以编辑值。 名称 | 值 | 数据类型 length := | 6 | num 撤消 确定 ⑬ 取消	⑬单击“确定”，即可将初始值 6 赋予 length
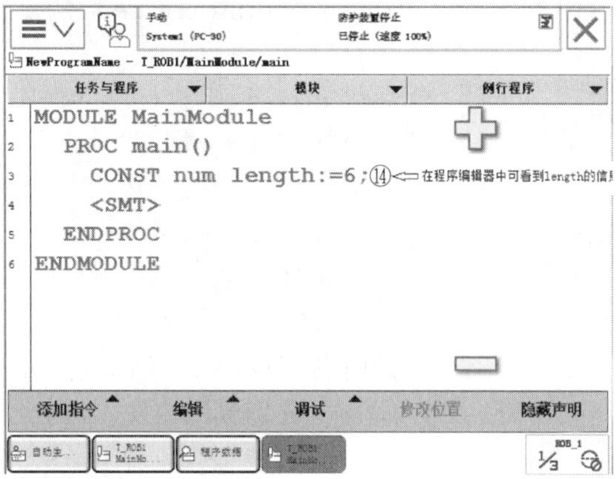 手动 System1 (PC-30) 防护装置停止 已停止（速度 100%） NewProgramName - T_ROB1/MainModule/main 任务与程序 模块 例行程序 MODULE MainModule PROC main() CONST num length:=6;⑭⇐在程序编辑器中可看到length的信息 <SMT> ENDPROC ENDMODULE 添加指令 编辑 调试 修改位置 隐藏声明	⑭在程序编辑器中可看到 length 的信息

2. 程序数据的存储类型

(1) 变量 VAR

变量型数据在程序执行的过程中和停止时，会保持当前的值，但如果程序指针被移到主程序后，数值会丢失。

举例说明：

如图 3-2 所示，VAR num length：＝0；名称为 length 的数字变量数据，初始值为 0。VAR string name：＝“mary”；名称为 name 的字符变量数据，初始值为 mary。

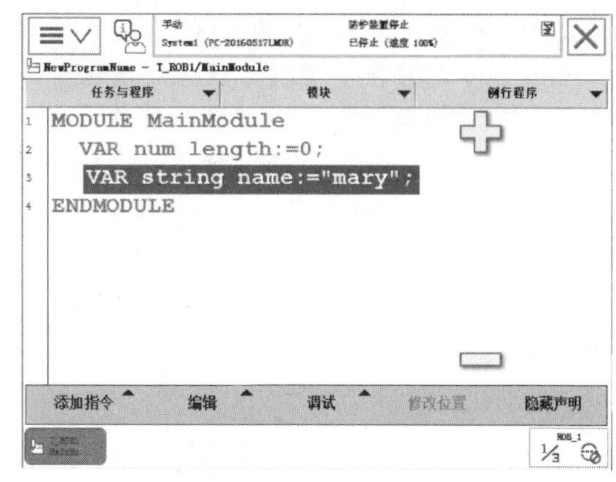

图 3-2 变量 VAR

在机器人执行的 RAPID 程序中可以对变量存储类型程序数据进行赋值的操作，如：

```
MODULE MainModule
    VAR num acreage:=0;            //acreage 初始值=0
    VAR num length:=0;             //length 初始值=0
    VAR num width:=0;              /width 初始值=0
        PROC main()                //执行 main()主程序
            ⋮
```

```
    acr1
          ⋮
    acr2
          ⋮
    ENDPROC
    PROC acr1 ()                              //执行 acr1 ()子程序
    IF di1 = 1 THEN                           //如果 di1=1,则执行以下程序
      length := 6;                            //赋值操作,length =6
      width := 8;                             //赋值操作,width =8
      acreage := length * width;              //赋值操作,acreage=48
    ENDIF                                     //结束条件判断
      ⋮
    ENDPROC          //此时若返回主程序,则 length、width、acreage 均恢复初始值
    PROC acr2 ()                              //执行 acr2 ()子程序
    IF di2 =1 THEN                            //如果 di2=1,则执行以下程序
      length := 2;                            //赋值操作,length =2
      width := 25;                            //赋值操作,width =25
      acreage := length * width;              //赋值操作,acreage=50
    ENDIF                                     //结束条件判断
    ⋮
    ENDPROC                                   //此时若不返回主程序,则 length、width、
                                                acreage 分别保持 2、25、50 的值
ENDMODULE
```

* **注意：**

1. VAR 表示存储类型为变量；

num 表示程序数据类型为数值型数据。

2. 在程序中执行变量型数据的赋值，在指针复位后将恢复为初始值。

* **提示：** 在定义数据时，可以定义变量数据的初始值，如 length 的初始值为“0”，name 的初始值为“mary”。

（2）可变量 PERS

可变量最大的特点是，无论程序的指针如何变化，都会保持最后赋予的值。可变量赋值案例见图 3-3。

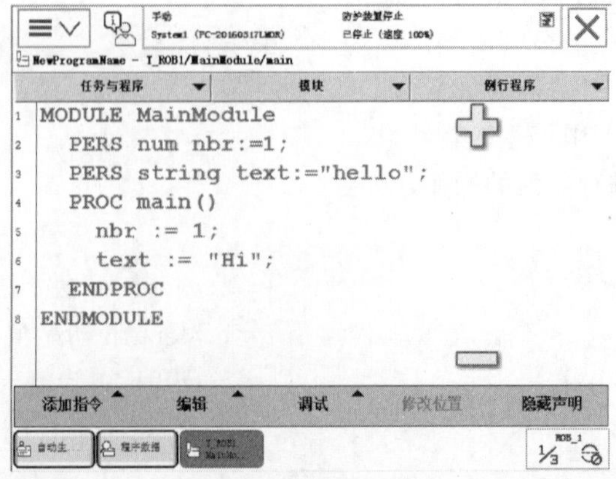

图 3-3　可变量 PERS

举例说明：

PERS num nbr：＝1；　　　　　　　//名称为 nbr 的数值数据，存储类型为可变量

PERS string test：＝ “Hello”；　　　//名称为 test 的字符数据，存储类型为可变量

在机器人执行的 RAPID 程序中，也可以对可变量存储类型程序数据进行赋值的操作。在程序执行以后，赋值的结果会一直保持，直到对其进行重新赋值，如：

```
MODULE MainModule
    PERS num acreage:=0;                //acreage 初始值=0
    PERS num length:=0;                 //length 初始值=0
    PERS num width:=0;                  //width 初始值=0
        PROC main()                     //执行 main()主程序
            ⋮
        acr1
            ⋮
        acr2
            ⋮
        ENDPROC
        PROC acr1 ()                    //执行 acr1 ()子程序
        IF di1 = 1 THEN                 //如果 di1=1,则执行以下程序
            length := 6;                //赋值操作,length =6
            width := 8;                 //赋值操作,width =8
            acreage := length * width;  //赋值操作,acreage=48
        ENDIF                           //结束条件判断
        ⋮
      ENDPROC    //此时若返回主程序,则 length、width、acreage 分别为 6、8、48
      PROC acr2 ()                      //执行 acr2 ()子程序
      IF di2 =1 THEN                    //如果 di2=1,则执行以下程序
            length := 2;                //赋值操作,length =2
            width := 25;                //赋值操作,width =25
            acreage := length * width;  //赋值操作,acreage=50
        ENDIF                           //结束条件判断
        ⋮
        ENDPROC                         //此时若不返回主程序,则 length、width、
                                          acreage 分别保持 2、25、50 的值
    ENDMODULE
```

（3）常量 CONST

常量的特点是在定义时已赋予了数值，不能在程序中进行修改。除非手动修改。常量赋值案例见图 3-4。

CONST num length:＝6；　　　　　//名称为 length 的数字数据,内容为 6

CONST string text:＝“Hello”；　　　//名称为 text 的字符数据,内容为 Hello

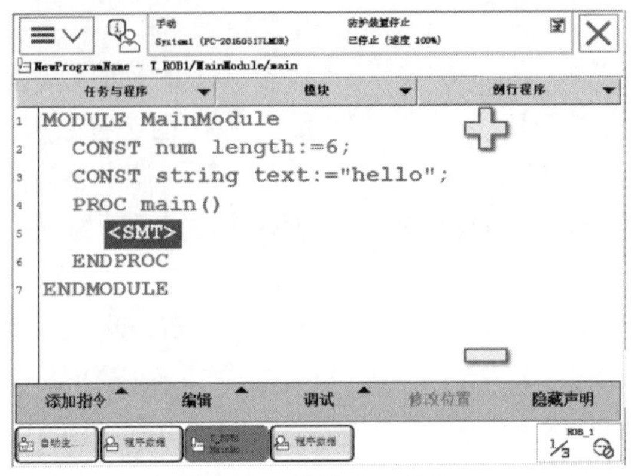

图 3-4　常量 CONST

＊**注意**：*存储类型为常量的程序数据，不允许在程序中进行赋值的操作。*

3. 常用的程序数据

根据不同的数据用途，定义了不同的程序数据。表 3-3 是机器人系统中常用的程序数据。

表 3-3　常用程序数据

程序数据	说明	程序数据	说明
bool	布尔量	pos	位置数据（只有 X、Y 和 Z）
byte	整数数据 0～255	pose	坐标转换
clock	计时数据	robjoint	机器人轴角度数据
dionum	数字输入/输出信号	robtarget	机器人与外轴的位置数据
extjoint	外轴位置数据	speeddata	机器人与外轴的速度数据
intnum	中断标志符	string	字符串
jointtarget	关节位置数据	tooldata	工具数据
loaddata	负荷数据	trapdata	中断数据
mecunit	机械装置数据	wobjdata	工件数据
num	数值数据	zonedata	TCP 转弯半径数据
orient	姿态数据		

＊**提示**：*系统中还有针对一些特殊功能的程序数据，在对应的功能说明书中会有相应的详细介绍，请查看随机光盘电子版说明书。也可以根据需要新建程序数据类型。*

（三）三个关键程序数据的设定

在进行正式编程之前，需要构建起必要的编程环境，其中有三个必需的程序数据（工具数据 tooldata、工件坐标 wobjdata、有效载荷 loaddata）需要在编程前就进行定义。

1. 工具数据 tooldata

工具数据 tooldata 用于描述安装在机器人第六轴上工具 TCP、质量、重心等参数数据。不同的机器人应配置不同的工具，比如说弧焊机器人使用弧焊枪作为工具，见图 3-5；而用于搬运板材的机器人，会使用吸盘式的夹具作为工具。

默认工具（tool0）的工具中心点（Tool Center Point）位于机器人安装法兰盘的中心。图 3-6 中 A 点就是原始的 TCP 。TCP 的设定原理如下。

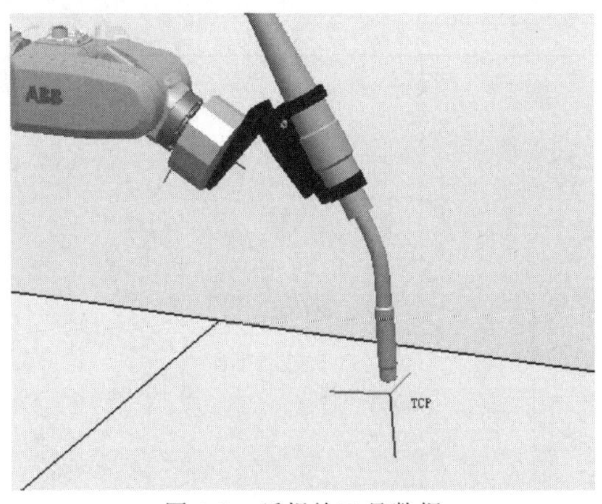

图 3-5 弧焊枪工具数据

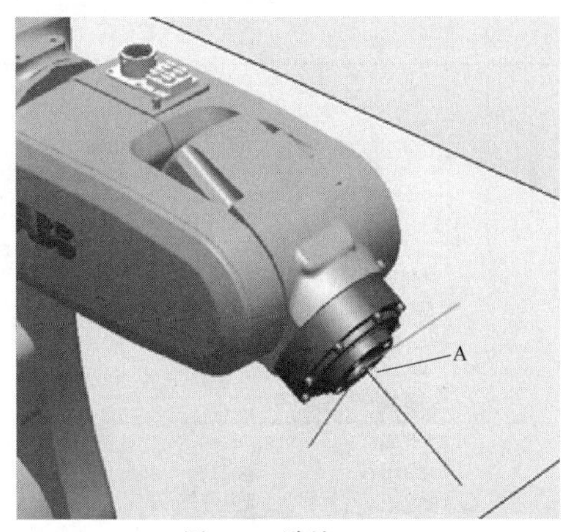

图 3-6 默认 TCP

① 首先在机器人工作范围内找一个非常精确的固定点作为参考点。

② 然后在工具上确定一个参考点（最好是工具的中心点）。

③ 用之前介绍的手动操纵机器人的方法，去移动工具上的参考点，以四种以上不同的机器人姿态尽可能与固定点刚好碰上。为了获得更准确的 TCP，在以下例子中使用六点法进行操作，第四点是用工具的参考点垂直于固定点，第五点是工具参考点从固定点向将要设定为 TCP 的 X 方向移动，第六点是工具参考点从固定点向将要设定为 TCP 的 Z 方向移动。

④ 机器人通过这四个位置点的位置数据计算求得 TCP 的数据，然后 TCP 的数据就保存在 tooldata 这个程序数据中被程序进行调用。

*提示：执行程序时，机器人将 TCP 移至编程位置。这意味着，如果要更改工具以及工具坐标系，机器人的移动将随之更改，以便新的 TCP 到达目标。所有机器人在手腕处都有一个预定义工具坐标系，该坐标系被称为 tool0。这样就能将一个或多个新工具坐标系定义为 tool0 的偏移值。

*注意：TCP 取点数量的区别如下。

4 点法，不改变 tool0 的坐标方向。

5 点法，改变 tool0 的 Z 方向。

6 点法，改变 tool0 的 X 和 Z 方向（在焊接应用最为常用）。前三个点的姿态相差尽量大些，这样有利于 TCP 精度的提高。

6 点法建立一个新的工具数据 tool1 的操作见表 3-4。

表 3-4 6 点法建立一个新的工具数据 tool1 的操作

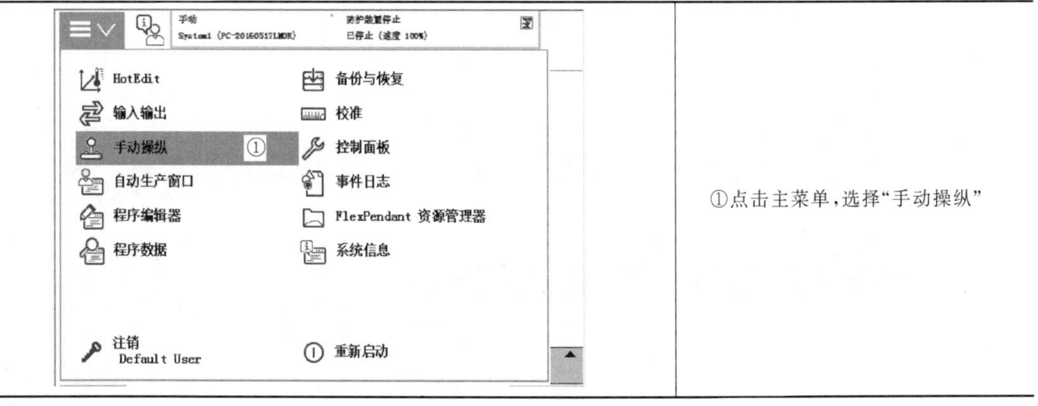	①点击主菜单，选择“手动操纵”

续表

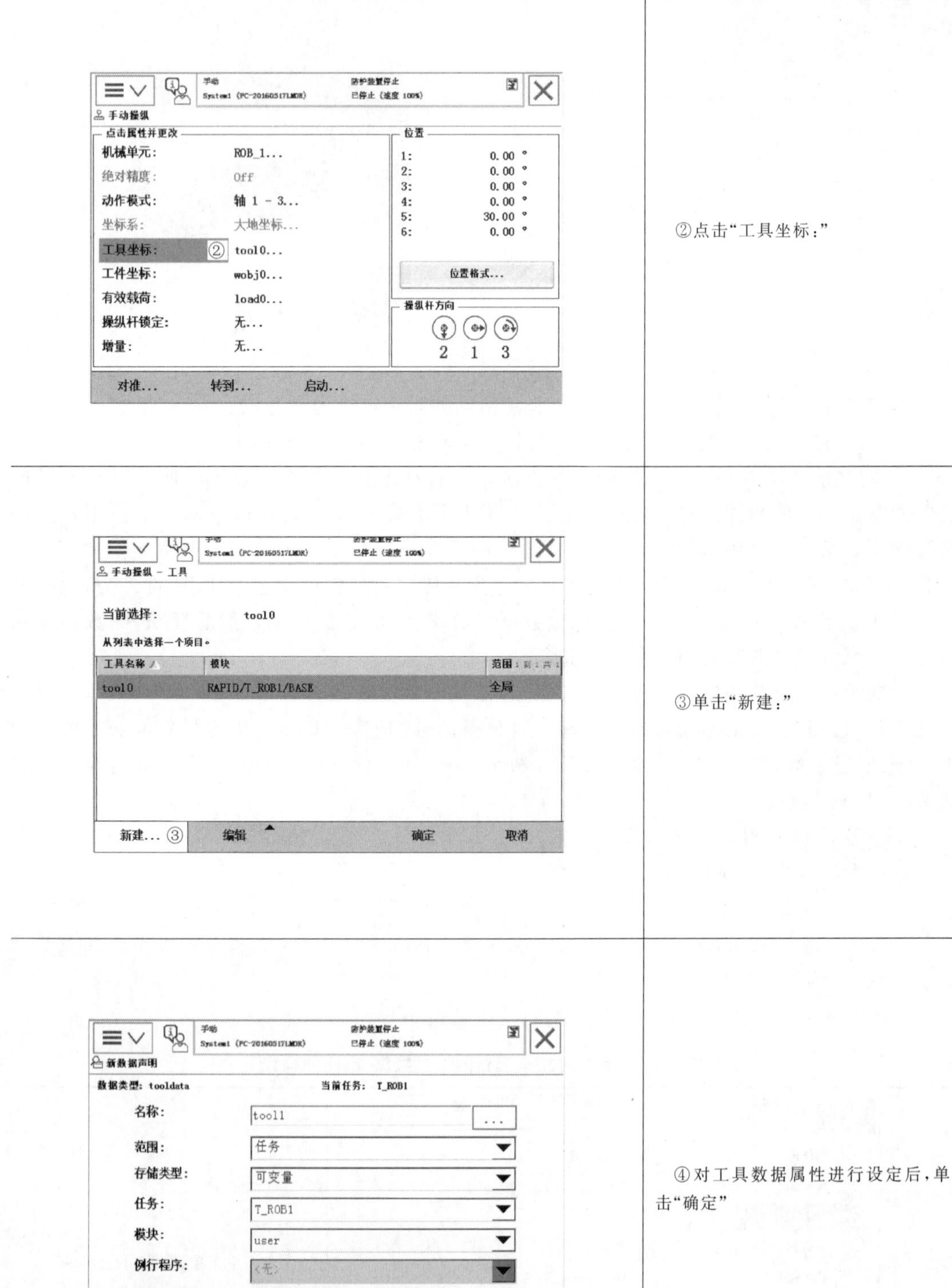

	②点击"工具坐标:"
	③单击"新建:"
	④对工具数据属性进行设定后，单击"确定"

续表

<table>
<tr><td>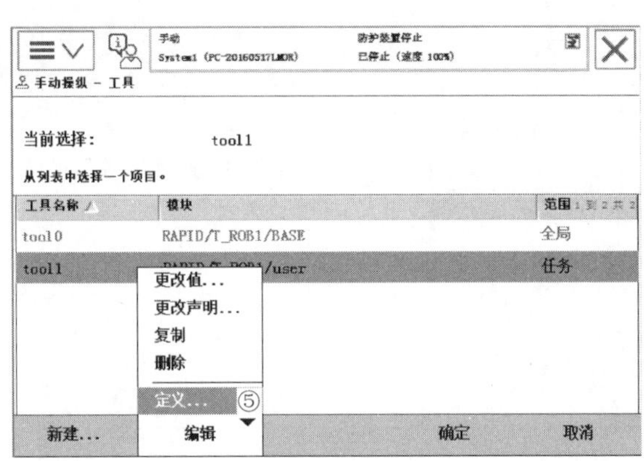
</td><td>⑤选中 tool1 后，单击“编辑”菜单中的“定义...”选项</td></tr>
<tr><td>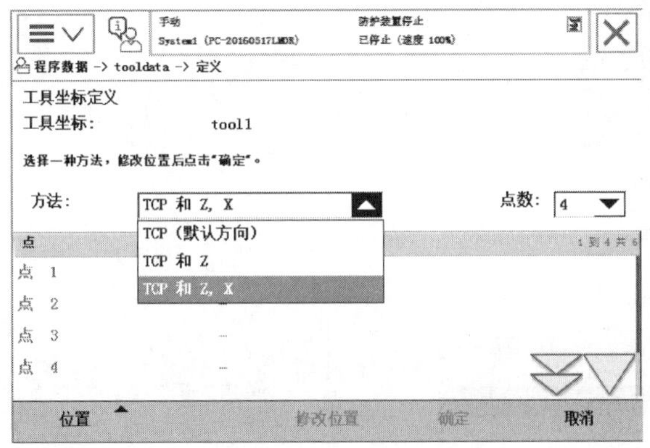
</td><td>⑥选择“TCP 和 Z，X”，使用 6 点法设定 TCP</td></tr>
<tr><td>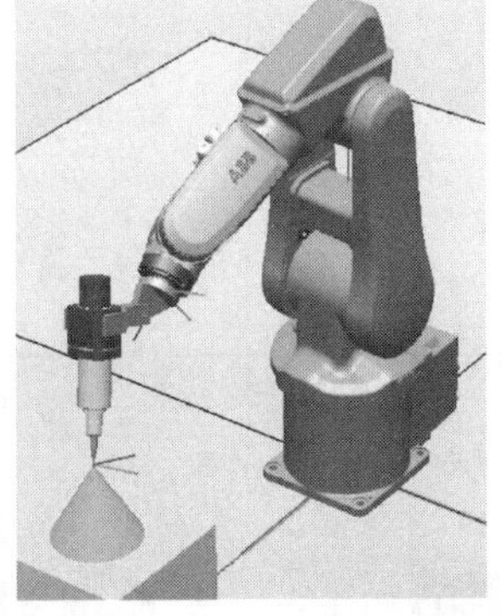</td><td>⑦选择合适的手动操纵模式
⑧按下使能键，使用摇杆使工具参考点靠上固定点，作为第一个点</td></tr>
</table>

续表

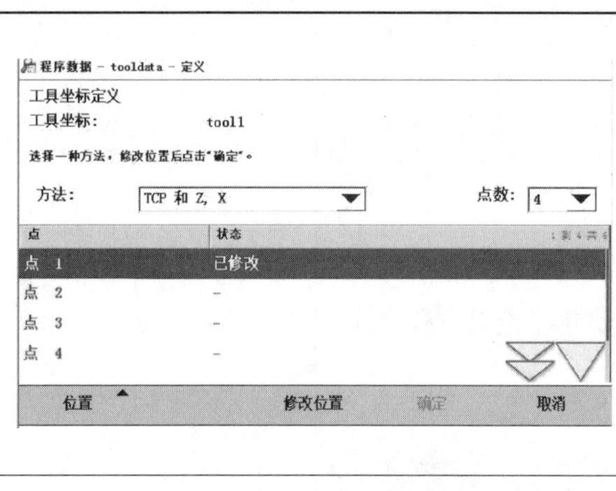	⑨单击"修改位置"，将点 1 位置记录下来
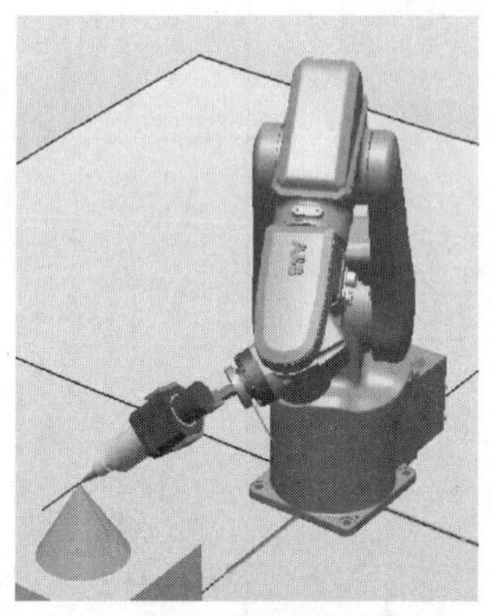	⑩工具参考点变换姿态靠上固定点
点 状态 点 1 已修改 点 2 已修改 点 3 - 点 4 -	⑪单击"修改位置"，将点 2 位置记录下来
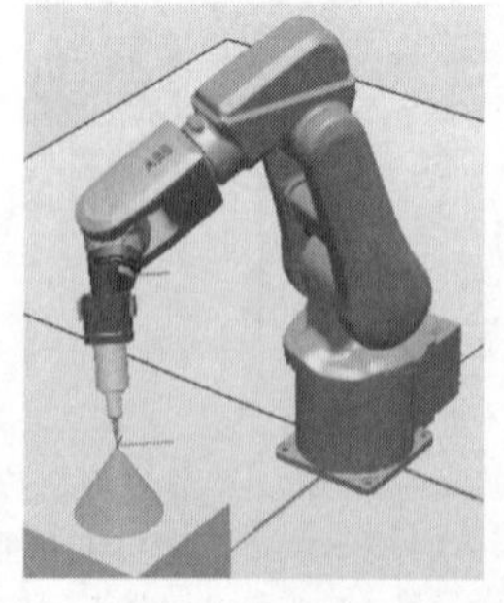	⑫工具参考点变换姿态靠上固定点
点 状态 点 1 已修改 点 2 已修改 点 3 已修改 点 4 -	⑬单击"修改位置"，将点 3 位置记录下来

续表

<table>
<tr><td>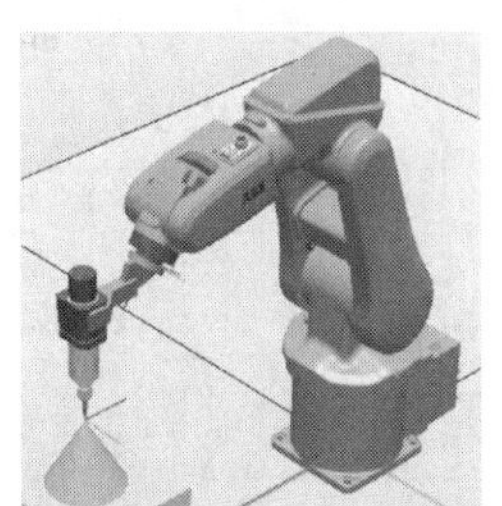</td><td>⑭工具参考点变换姿态靠上固定点，这是第 4 个点，工具参考点垂直于固定点</td></tr>
<tr><td>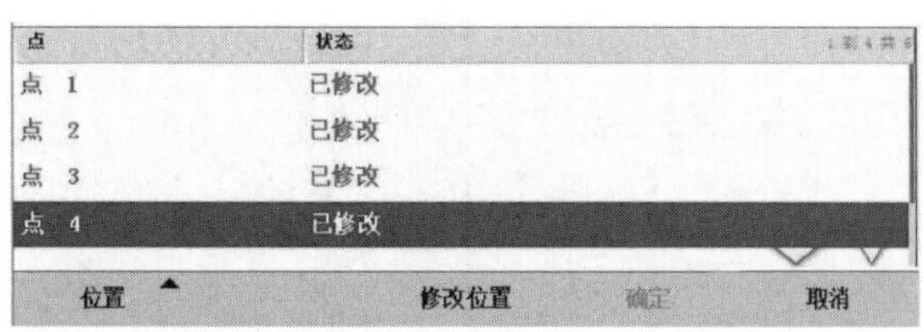</td><td>⑮单击“修改位置”，将点 4 位置记录下来</td></tr>
<tr><td>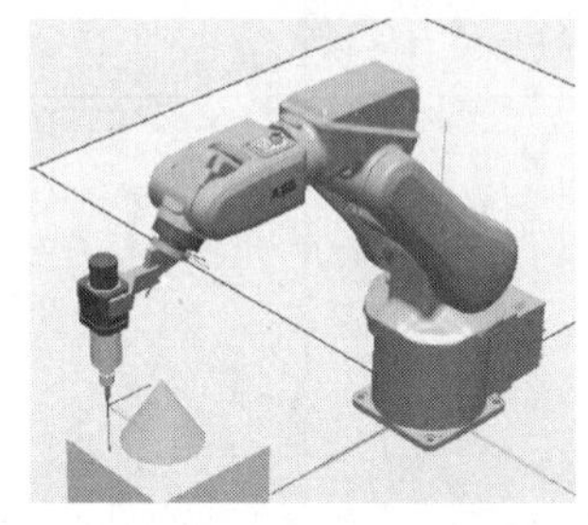</td><td>⑯工具参考点以点 4 的姿态从固定点移动到工具 TCP 的 X 方向</td></tr>
<tr><td>点　状态
点 3　已修改
点 4　已修改
延伸器点 X　已修改
延伸器点 Z　–
位置　修改位置　确定　取消</td><td>⑰单击“修改位置”，将延伸点 X 位置记录下来</td></tr>
<tr><td>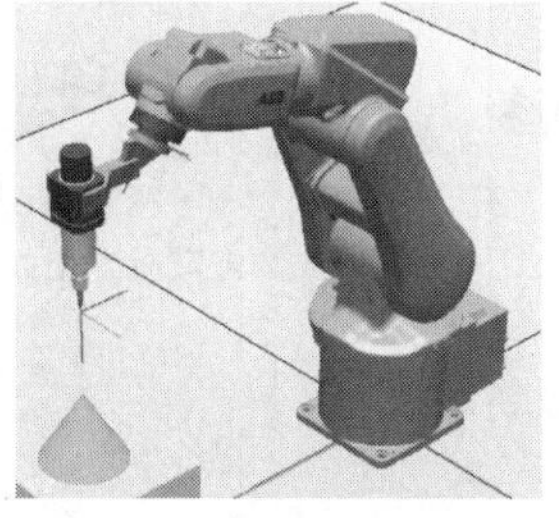</td><td>⑱工具参考点以此姿态从固定点移动到工具 TCP 的 Z 方向</td></tr>
</table>

续表

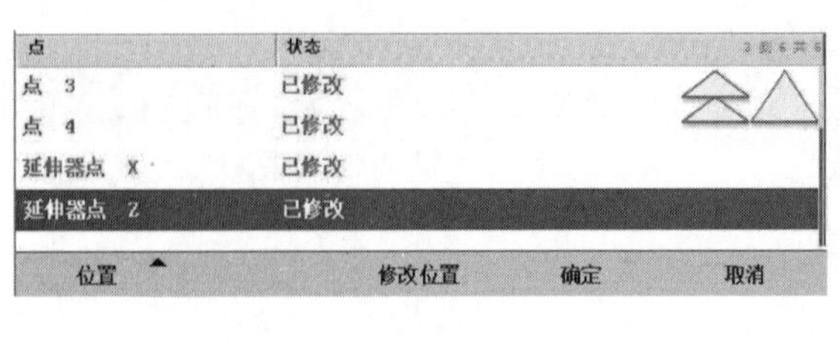	⑲单击“修改位置”，将延伸点 Z 位置记录下来 ⑳单击“确定”完成设定
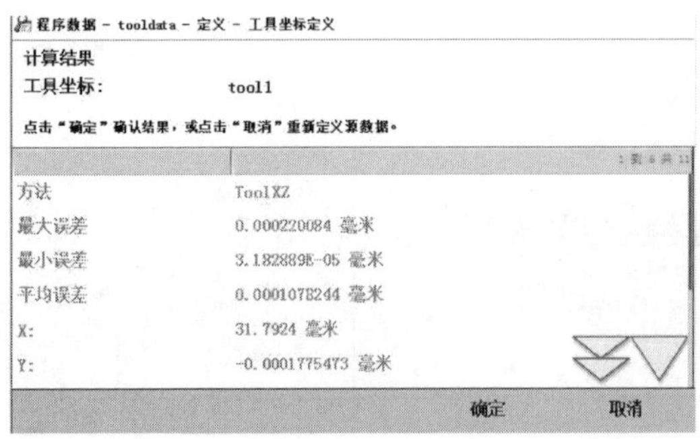	㉑对误差进行确认，越小越好，但也要以实际验证效果为准
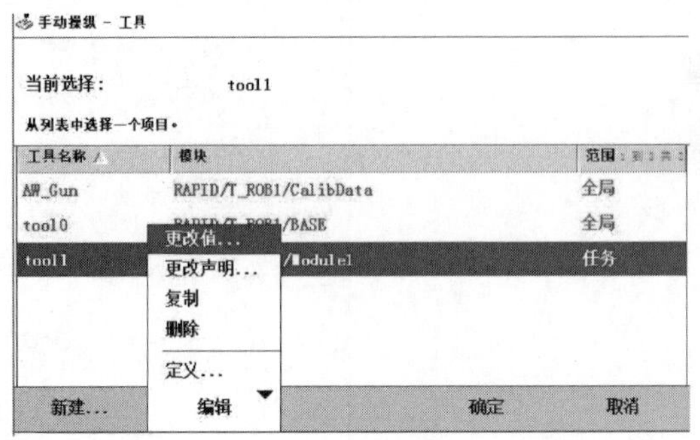	㉒选中 tool1，然后打开编辑菜单选择“更改值...”
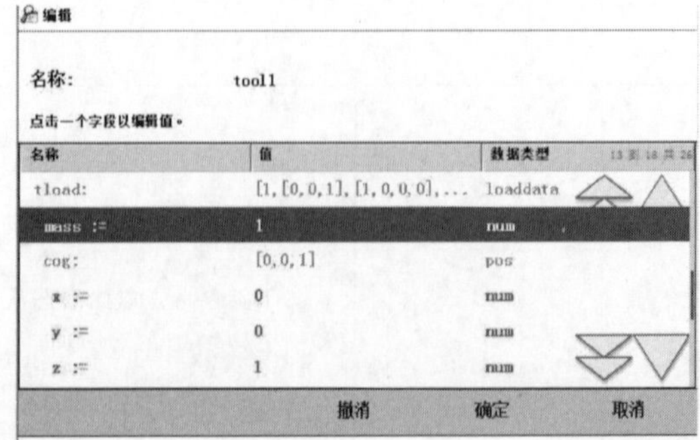	㉓在此页面中，根据实际情况设定工具的质量 mass(单位 kg)和重心位置数据(此中心是基于 tool0 的偏移值，单位 mm)，然后单击“确定” ＊提示：此页显示的内容就是 TCP 定义时生成的数据

续表

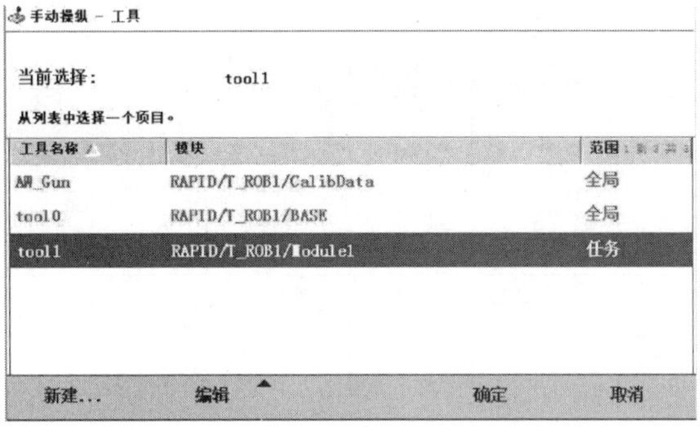 手动操纵 - 工具 当前选择：　tool1 从列表中选择一个项目。 工具名称　模块　范围 AW_Gun　RAPID/T_ROB1/CalibData　全局 tool0　RAPID/T_ROB1/BASE　全局 tool1　RAPID/T_ROB1/Module1　任务 新建…　编辑　确定　取消	㉔选中 tool1，单击“确定”
 手动操纵 点击属性并更改 机械单元：　ROB_1… 绝对精度：　Off 动作模式：　重定位… 坐标系：　工具… 工具坐标：　tool1… 工件坐标：　wobj0… 有效载荷：　load1… 操纵杆锁定：　无… 增量　无…	㉕动作模式选定为“重定位”。坐标系统选定为“工具”。工具坐标选定为“tool1”
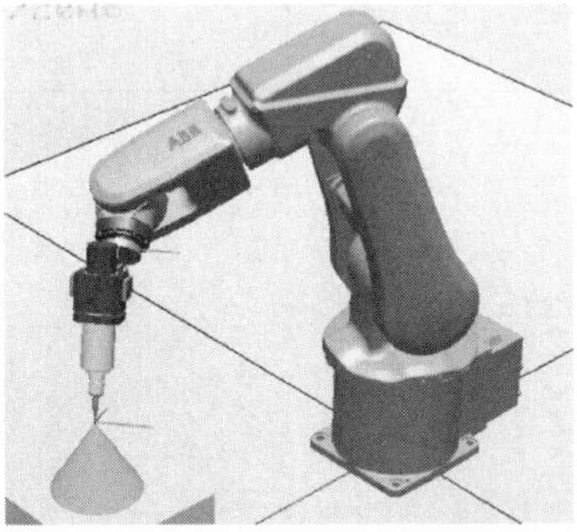	㉖使用摇杆将工具参考点靠上固定点，然后在重定位模式下手动操纵机器人，如果 TCP 设定精确的话，可以看到工具参考点与固定点始终保持接触，而机器人会根据重定位操作改变姿态

如果使用吸盘搬运的夹具，一般工具数据的设定方法如下：在图 3-7 中，以搬运薄板的真空吸盘夹具为例，质量是 25kg，重心在默认 tool0 的 Z 的正方向偏移 250mm，TCP 点设定在吸盘的接触面上，从默认 tool0 上的 Z 方向偏移了 300mm，具体操作见表 3-5。

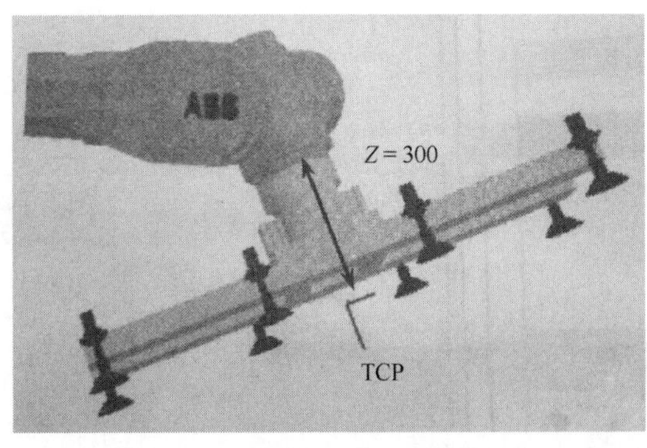

图 3-7　吸盘夹具的工具数据设定

表 3-5　吸盘搬运的夹具工具数据的设定

	①在“手动操纵”界面，选择“工具坐标：”
	②单击“新建...”
	③根据需要设定数据的属性，一般不用修改 ④单击“初始值”
	⑤TCP点设定在吸盘的接触面上，从默认tool0上的 Z 正方向偏移了300mm，在此画面中设定对应的数值

续表

<table>
<tr><td>编辑
名称:　tool2
点击一个字段以编辑值。
名称 | 值 | 数据类型 | 14 到 19 共 26
mass := | 25 | num
cog: | [0,0,250] | pos
x := | 0 | num
y := | 0 | num
z := | 250 | num
aom: | [1,0,0,0] | orient</td><td>⑥此工具质量是 25kg，重心在默认 tool0 的 Z 的正方向偏移 250mm，在画面中设定对应的数值，然后单击“确定”，设定完成</td></tr>
</table>

2. 工件坐标 wobjdata

工件坐标对应工件，它定义工件相对于大地坐标（或其他坐标）的位置。机器人可以拥有若干工件坐标系，或者表示不同工件，或者表示同一工件在不同位置的若干副本，详见表 3-6、表 3-7。

表 3-6　工件坐标工作原理

<table>
<tr><td>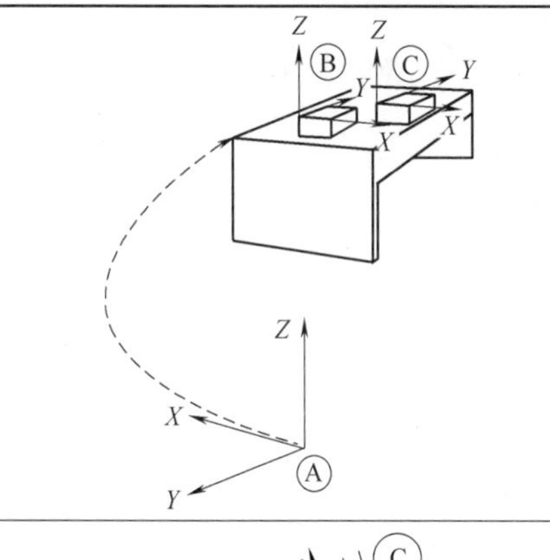</td><td>对机器人进行编程就是在工件坐标中创建目标和路径。这带来以下优点
①重新定位工作站中的工件时，只需要更改工件坐标的位置，所有路径将即刻随之更新
②允许操作以外轴或传送导轨移动的工件，因为整个工件可连同其路径一起移动
*提示：A 是机器人的大地坐标，为了方便编程，给第一个工件建立了一个工件坐标 B，并在这个工件坐标 B 中进行轨迹编程</td></tr>
<tr><td>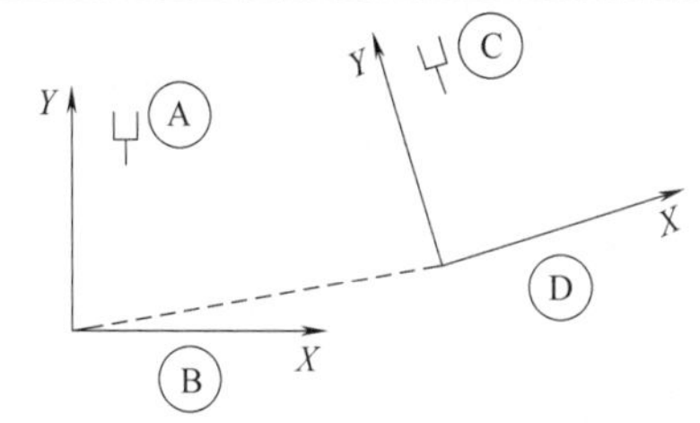</td><td>如果台子上还有一个一样的工件需要走一样的轨迹，那只需建立一个工件坐标 C，将工件坐标 B 中的轨迹复制一份，然后将工件坐标从 B 更新为 C，则无需对一样的工件进行重复轨迹编程了
*提示：如果在工件坐标 B 中对 A 对象进行了轨迹编程，当工件坐标的位置变化成工件坐标 D 后，只需在机器人系统重新定义工件坐标 D，则机器人的轨迹就自动更新到 C 了，不需要再次轨迹编程了。因 A 相对于 B，C 相对于 D 的关系是一样，并没有因为整体偏移而发生变化</td></tr>
<tr><td>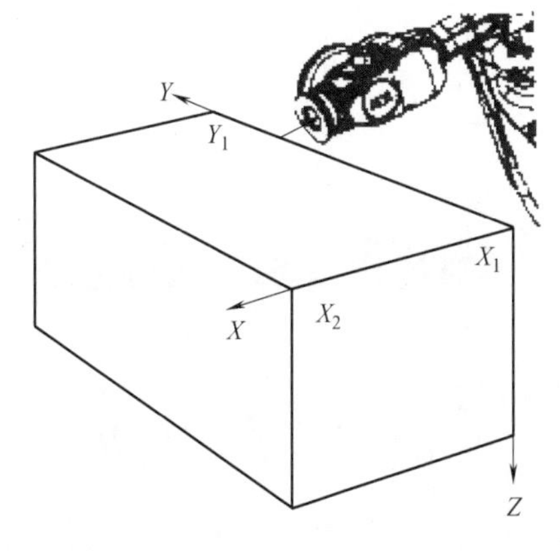</td><td>*注意：在对象的平面上，只需要定义三个点，就可以建立一个工件坐标
X_1 点确定工件坐标的原点。X_1、X_2 点确定工件坐标 X 正方向，X_1、Y_1 点确定工件坐标 Y 正方向。工件坐标等符合右手定则
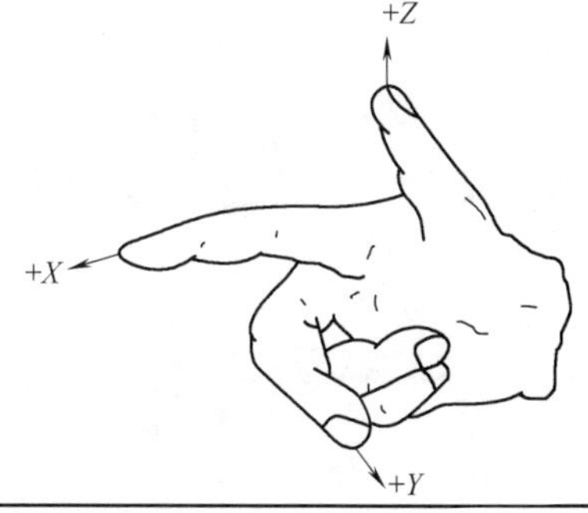</td></tr>
</table>

表 3-7　建立工件坐标的操作步骤

操作画面	操作说明
	①在手动操纵画面中，选择“工件坐标：”
	②单击“新建...”
	③对工件坐标数据属性进行设定后，单击“确定”
	④打开编辑菜单，选择“定义...”

续表

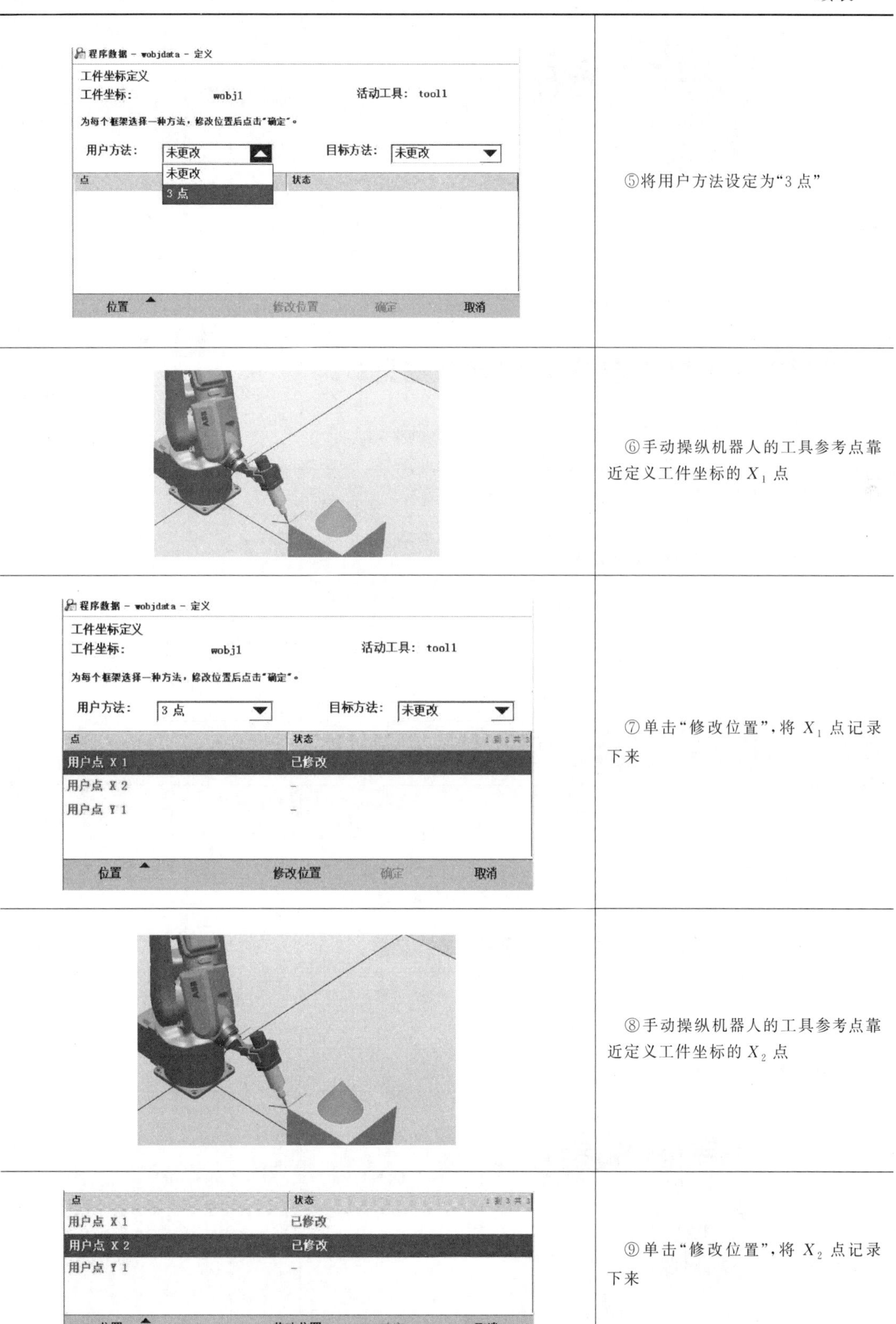

⑤将用户方法设定为"3 点"

⑥手动操纵机器人的工具参考点靠近定义工件坐标的 X_1 点

⑦单击"修改位置"，将 X_1 点记录下来

⑧手动操纵机器人的工具参考点靠近定义工件坐标的 X_2 点

⑨单击"修改位置"，将 X_2 点记录下来

续表

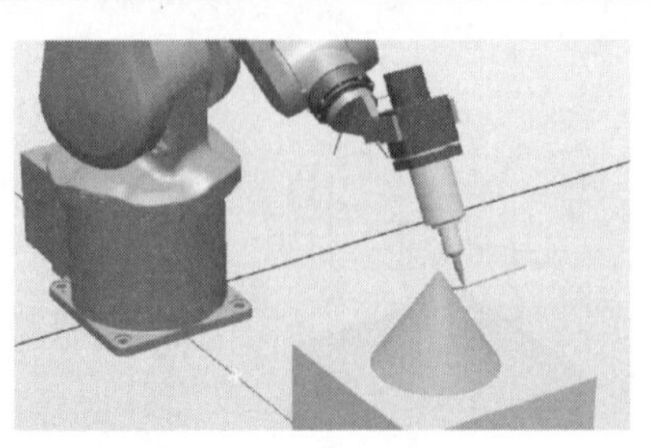	⑩手动操作机器人的工具参考点靠近定义工件坐标的 Y_1 点
点 状态 用户点 X 1 已修改 用户点 X 2 已修改 用户点 Y 1 已修改 位置 修改位置 确定 取消	⑪单击“修改位置”，将 Y_1 点记录下来 ⑫单击“确定”
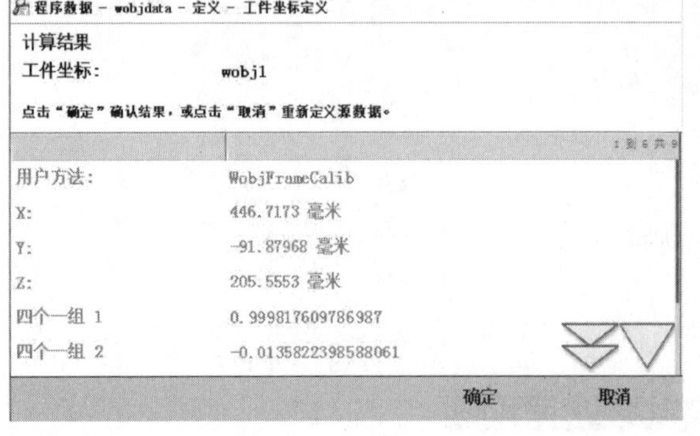 	⑬对自动生成的工件坐标数据进行确认后，单击“确定”
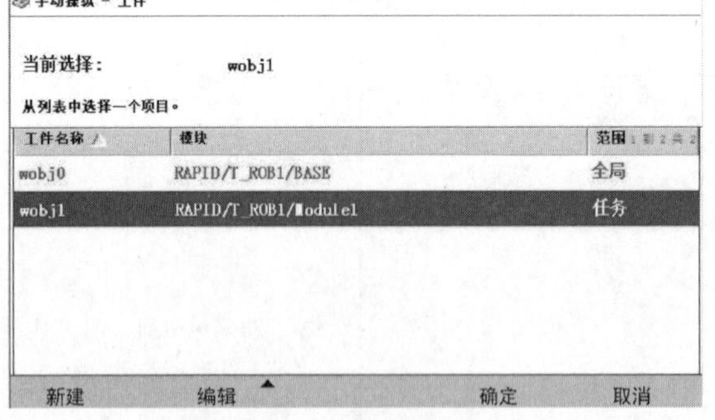 	⑭选中 wobj1 后，单击“确定”
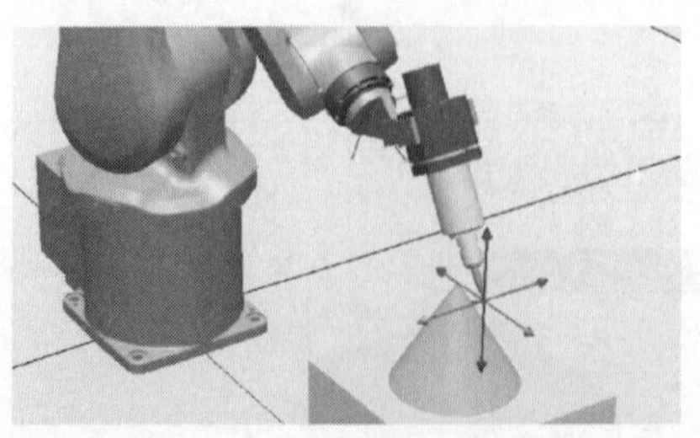	⑮设定手动操纵画面项目，使用线性动作模式，体验新建立的工件坐标

3. 有效载荷 loaddata

对于搬运应用的机器人，应该正确设定夹具的质量、重心 tooldata 以及搬运对象的质量和重心数据 loaddata，见图 3-8，具体操作步骤见表 3-8。

图 3-8　有效载荷

表 3-8　有效载荷的设定

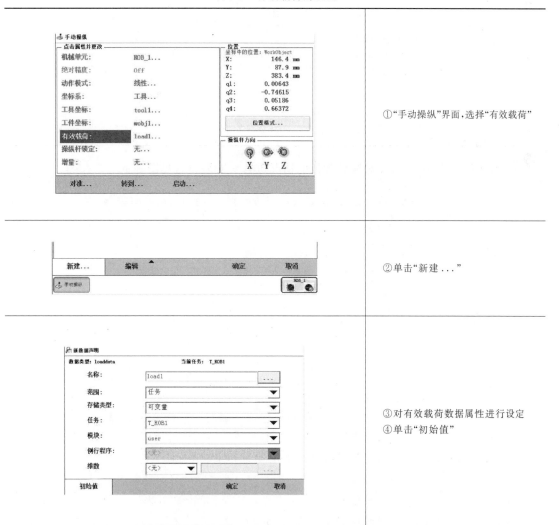

手动操纵 点击属性并更改 机械单元: ROB_1... 绝对精度: Off 动作模式: 线性... 坐标系: 工具... 工具坐标: tool1... 工件坐标: wobj1... 有效载荷: load1... 操纵杆锁定: 无... 增量: 无... 位置 坐标中的位置: WorkObject X: 146.4 mm Y: 87.9 mm Z: 383.4 mm q1: 0.00643 q2: -0.74615 q3: 0.05186 q4: 0.66372 位置格式... 操纵杆方向 X Y Z 对准... 转到... 启动...	①“手动操纵”界面，选择“有效载荷”
新建... 编辑 确定 取消 手动操纵 ROB_1	②单击“新建...”
新数据声明 数据类型: loaddata 当前任务: T_ROB1 名称: load1 范围: 任务 存储类型: 可变量 任务: T_ROB1 模块: user 例行程序: <无> 维数 <无> 初始值 确定 取消	③对有效载荷数据属性进行设定 ④单击“初始值”

续表

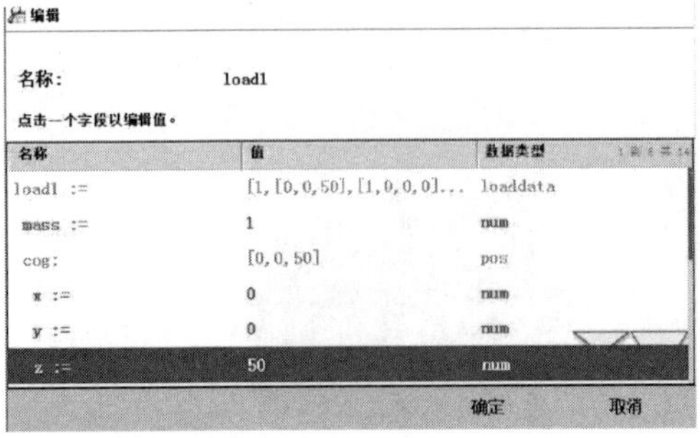

编辑

名称： load1

点击一个字段以编辑值。

名称	值	数据类型
load1 :=	[1,[0,0,50],[1,0,0,0]...	loaddata
mass :=	1	num
cog:	[0,0,50]	pos
x :=	0	num
y :=	0	num
z :=	50	num

确定 取消

有效载荷参数表

名称	参数	单位
有效载荷质量	load. mass	kg
有效载荷重心	load. cog. x load. cog. y load. cog. z	mm
力矩轴方向	load. aom. q1 load. aom. q2 load. aom. q3 load. aom. q4	
有效载荷转动惯量	ix iy iz	kg · m^2

⑤对有效载荷的数据根据实际的情况进行设定，各参数代表的含义可参考“有效载荷参数表”

⑥单击“确定”

在 RAPID 编程中，需要对有效载荷的情况进行实时调整，见图 3-9。

```
  TASK PERS loaddata load1:=[0,[0,0,0],[1,0,0,0],0,0,
  PROC main()
    Set do1;
    GripLoad load1;
    MoveJ *, v1000, z50, tool0;
    MoveJ *, v1000, z50, tool0;
    MoveJ *, v1000, z50, tool0;
    Reset do1;
    GripLoad load0;
  ENDPROC

ENDMODULE
```

图 3-9 有效载荷实时调整

注释：

Set do1； //夹具夹紧

GripLoad load1； //指定当前搬运对象的质量和重心 load1

…

Reset do1； //夹具松开

GripLoad load0； //将搬运对象清除为 load0

二、RAPID 程序的编写、调试、运行

（一）程序模块与例行程序

工业机器人内部计算机通过运行专门的指令并按照指令的要求实现对机器人的控制操作。

应用程序是由使用称为 RAPID 编程语言的特定词汇和语法编写而成的。RAPID 是一种英文编程语言，所包含的指令可以移动机器人、设置输出、读取输入，还能实现决策、重复其他指令、构造程序、与系统操作员交流等功能，RAPID 程序的基本架构如表 3-9 所示。

表 3-9　RAPID 程序架构

RAPID 程序			
程序模块 1	程序模块 2	程序模块 ...	程序模块 n
程序数据 主程序 main 例行程序 中断程序 功能	程序数据 例行程序 中断程序 功能		程序数据 例行程序 中断程序 功能

1. RAPID 程序的架构说明

① RAPID 程序由程序模块与系统模块组成。一般地，只通过新建程序模块来构建机器人的程序，而系统模块多用于系统方面的控制。

② 可以根据不同的用途创建多个程序模块，如专门用于主控制的程序模块、用于位置计算的程序模块、用于存放数据的程序模块，这样便于归类管理不同用途的例行程序与数据。

③ 每一个程序模块包含了程序数据、例行程序、中断程序和功能四种对象，但不一定在一个模块中有这四种对象，程序模块之间的数据、例行程序、中断程序和功能是可以互相调用的。

④ 在 RAPID 程序中，只有一个主程序 main，并且存在于任意一个程序模块中，并且是作为整个 RAPID 程序执行的起点。

2. 建立程序模块与例行程序

使用示教器进行程序模块和例行程序创建及相关操作的步骤见表 3-10。

表 3-10　建立程序模块和例行程序

<table>
<tr><td>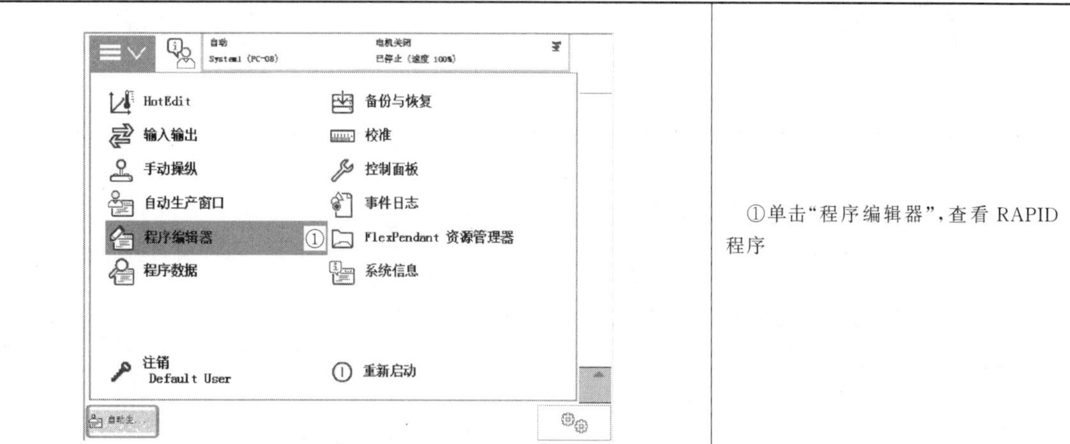
</td><td>①单击“程序编辑器”，查看 RAPID 程序</td></tr>
</table>

续表

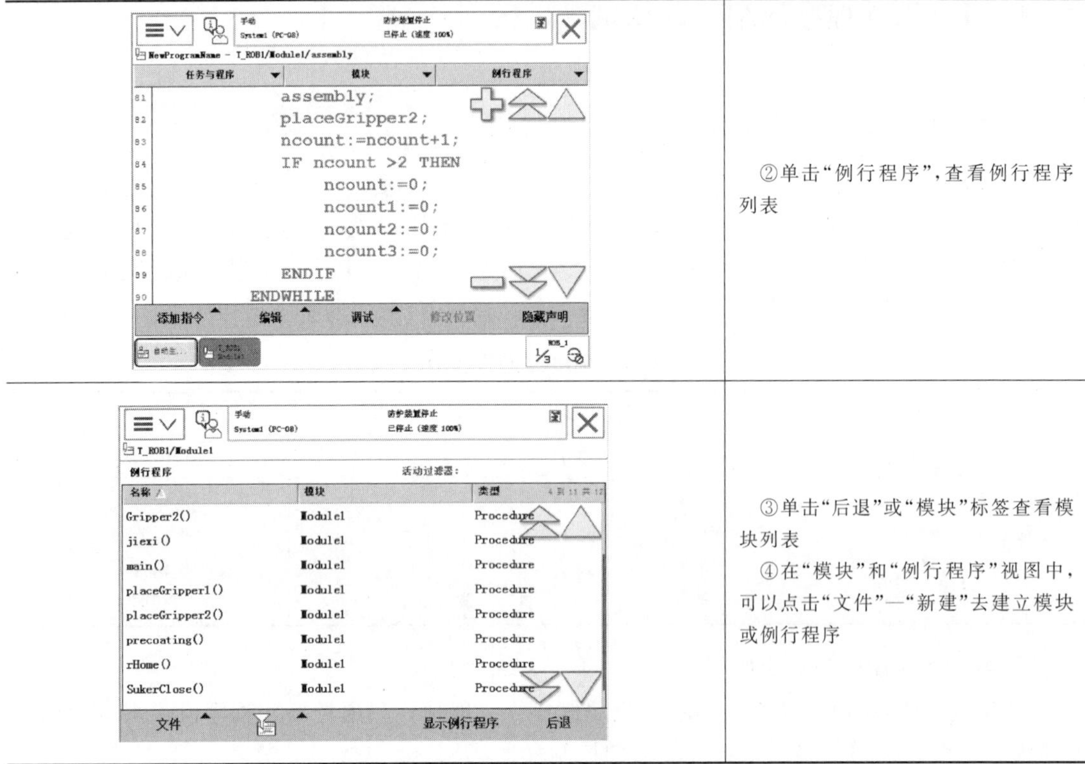

	②单击“例行程序”，查看例行程序列表
	③单击“后退”或“模块”标签查看模块列表 ④在“模块”和“例行程序”视图中，可以点击“文件”—“新建”去建立模块或例行程序

（二）在示教器上进行指令编程的基本操作

ABB 机器人的 RAPID 编程提供了丰富的指令来完成各种简单与复杂的应用，下面以工具从起点直线移动到终点为例，示范程序的输入以及调试步骤，在输入程序前应按要求确定好工具坐标和工件坐标。

例：使用 MoveL 指令编程并让焊枪沿直线运动，见图 3-10。

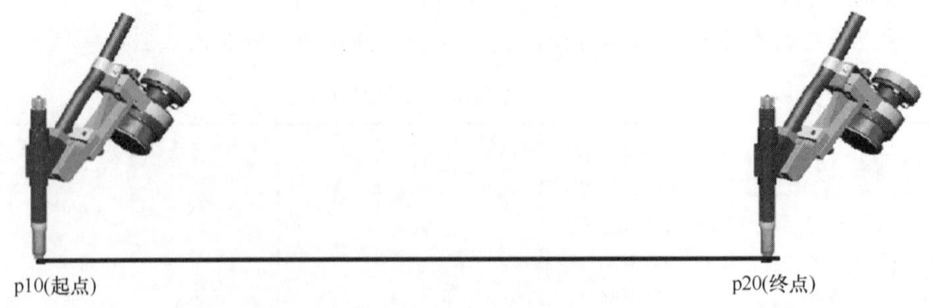

图 3-10　焊枪的直线运动

理解并使用示教器输入 MoveL 指令，步骤见表 3-11。

MoveL 指令是线性运动指令，在执行该指令后，机器人的 TCP 从起点到终点之间的路径始终保持为直线。

如：执行

```
MoveL p10,v200,Z50;                //从预设点(如原点)到 p10 点
```

```
MoveL p20,v200,fine;              //从 p10 点到 p20 点
```

执行此程序，机器人即可按照图 3-10 进行直线运动。

表 3-11 新建直线运动 RAPID 程序

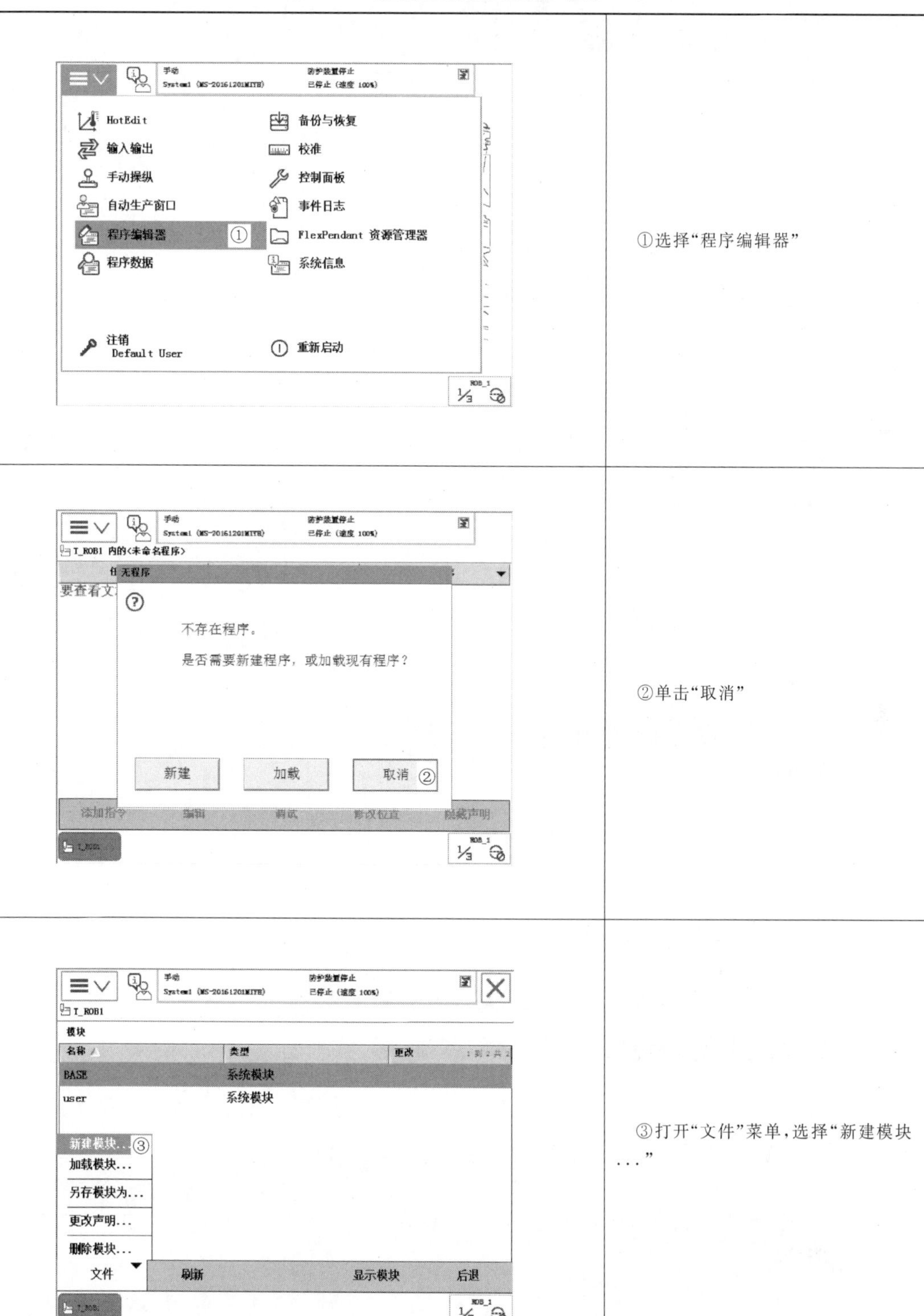	①选择“程序编辑器”
	②单击“取消”
	③打开“文件”菜单，选择“新建模块...”

续表

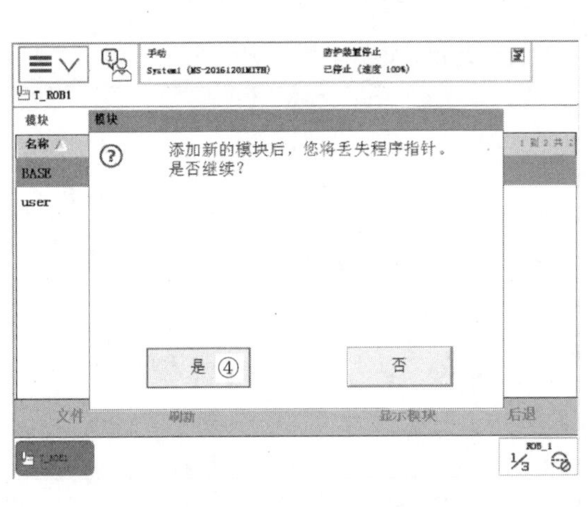	④单击“是”
	⑤单击“ABC...”,从易于记忆的角度输入模块的名称,如轨迹的中文拼音,仅能采用英文形式输入 ⑥单击“确定”
	⑦选中“guiji” ⑧单击“显示模块”

续表

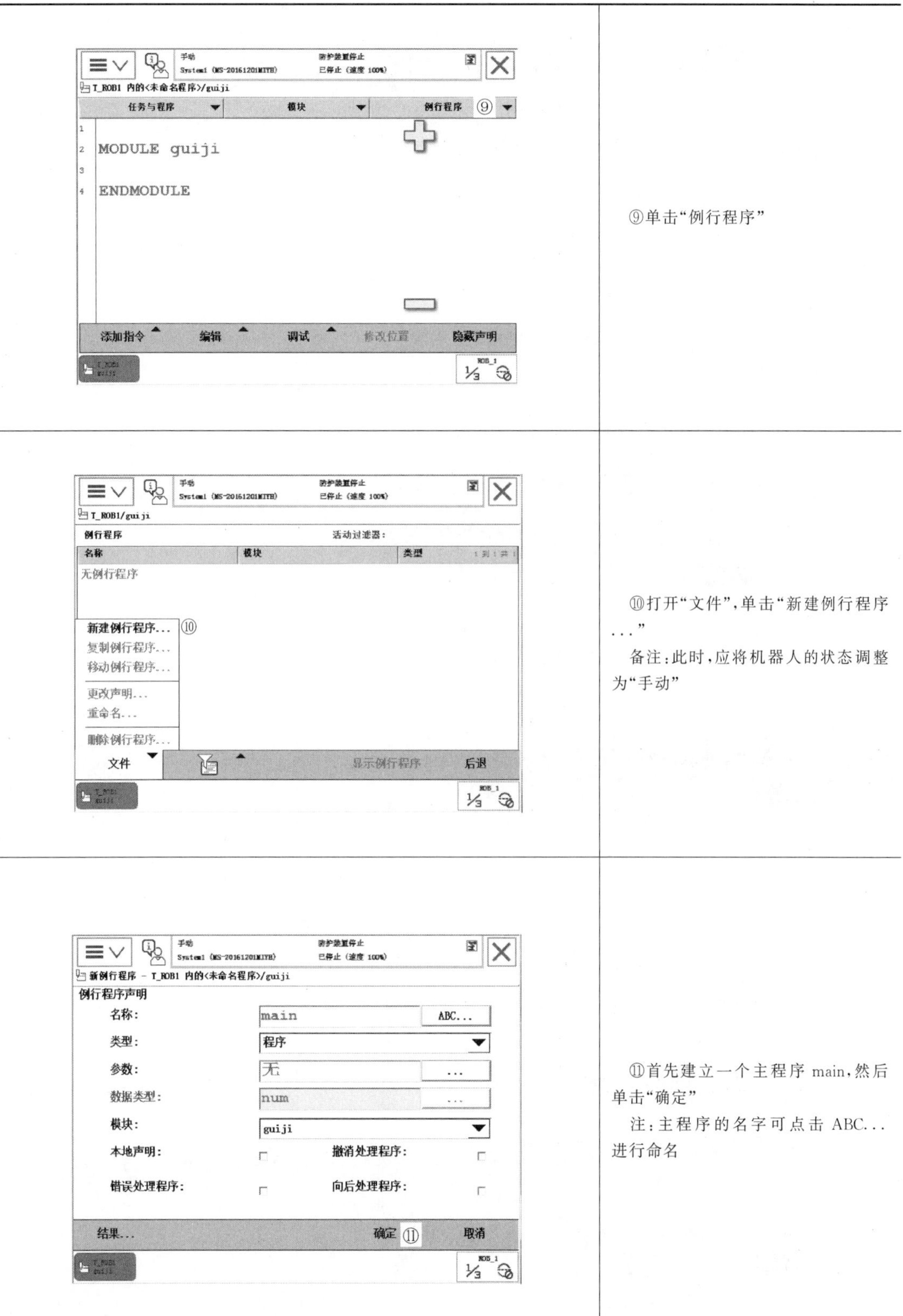

⑨单击“例行程序”

⑩打开“文件”，单击“新建例行程序...”

备注：此时，应将机器人的状态调整为“手动”

⑪首先建立一个主程序 main，然后单击“确定”

注：主程序的名字可点击 ABC... 进行命名

续表

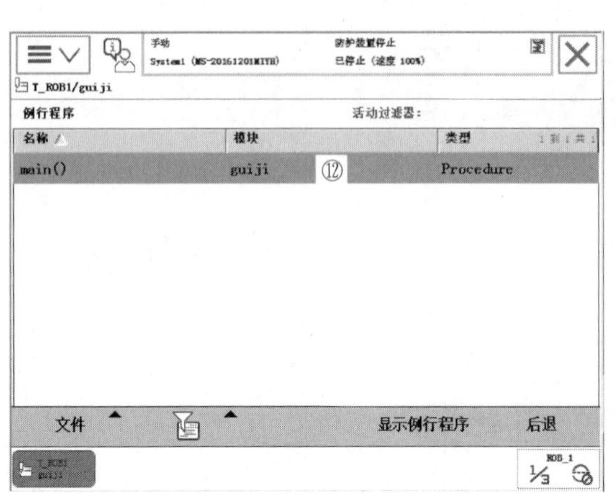	⑫选择“main”,然后单击“显示例行程序” 注:也可以双击“main”所在横条
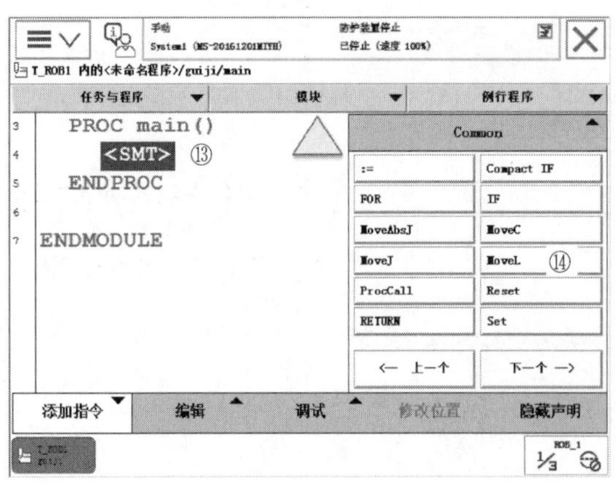	⑬选中〈SMT〉,为插入指令的位置 ⑭在指令表中选择 MoveL
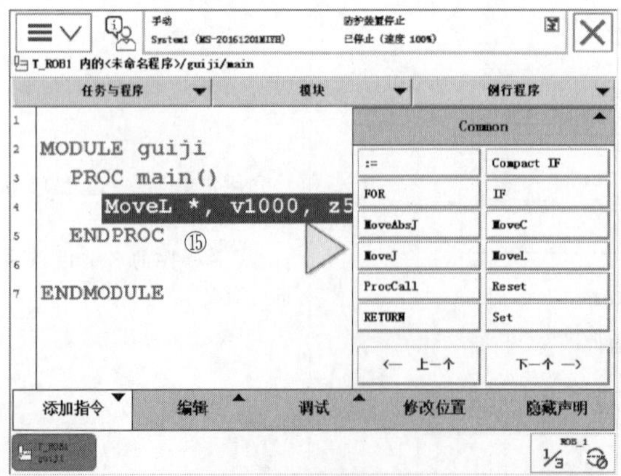	⑮双击“ * ”,进入指令参数修改画面

续表

<table>
<tr><td>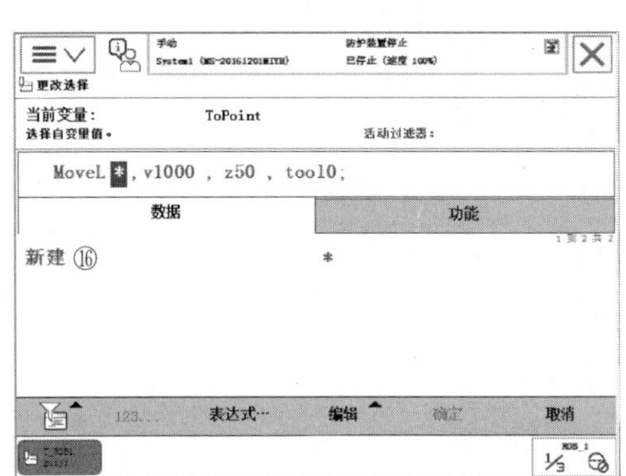
</td><td>⑯单击“新建”</td></tr>
<tr><td>手动
System1 (MS-20161201MITB)
防护装置停止
已停止 (速度 100%)
新数据声明
数据类型: robtarget　　当前任务: T_ROB1
名称: p10 ... ⑰
范围: 全局
存储类型: 常量
任务: T_ROB1
模块: guiji
例行程序: <无>
维数 <无> ...
初始值　确定　取消
ROB_1
1/3</td><td>⑰输入“p10”
备注：此处 p10 的存储类型为“常量”，在实际应用时，需根据实际情况选择是否采用变量或可变量</td></tr>
<tr><td>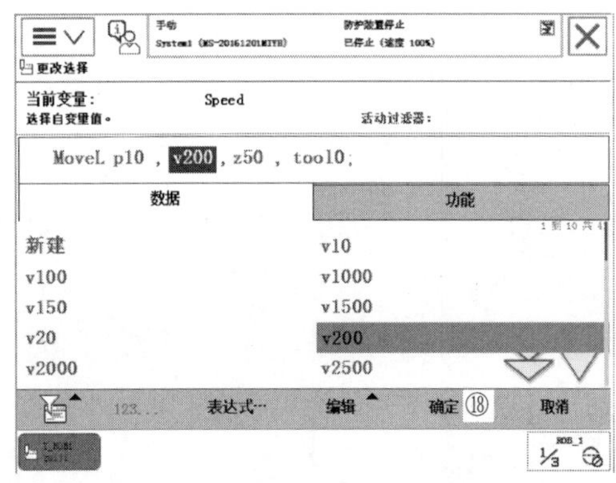
</td><td>⑱参照第⑮、⑯步，修改速度参数及转弯区数据为：v200，z50</td></tr>
</table>

续表

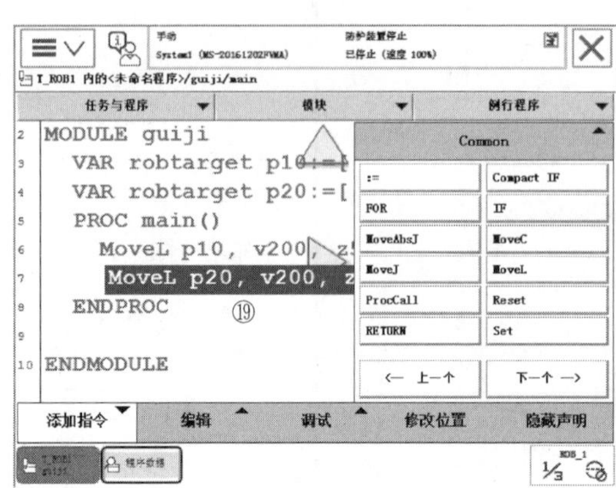	⑲参照第⑭～⑱步，在“MoveL p10，v200，Z50”下方添加“MoveL p20，v200，fine”
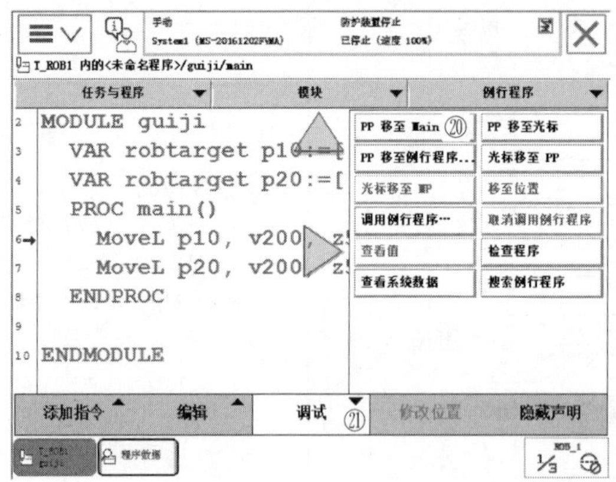	⑳单击“PP 移至 Main” ㉑单击“调试”
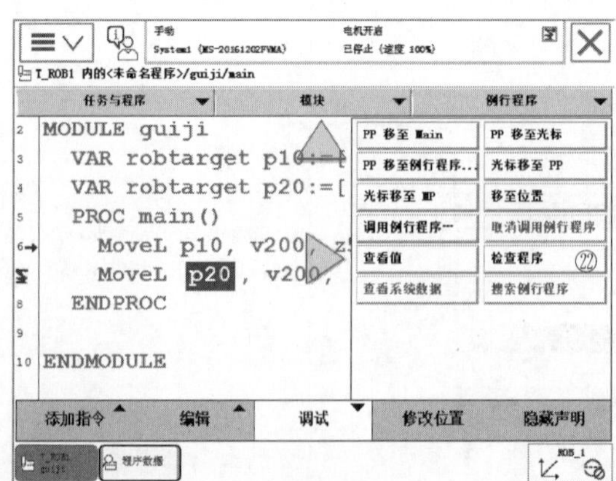	㉒单击“检查程序”，对程序语法进行检查

续表

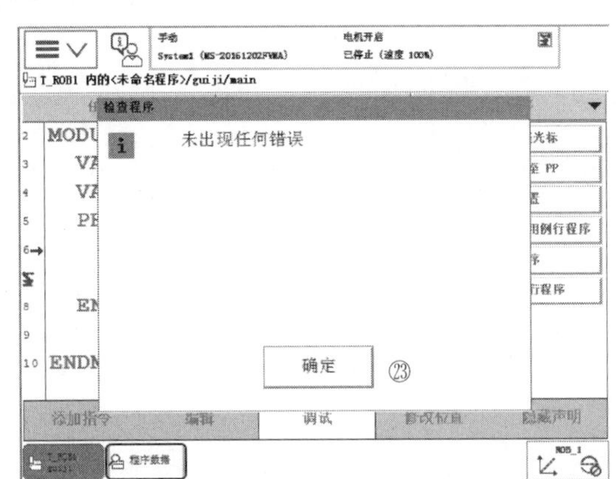	㉓单击“确定”完成，如果有错，系统会提示出错的具体位置与建议操作
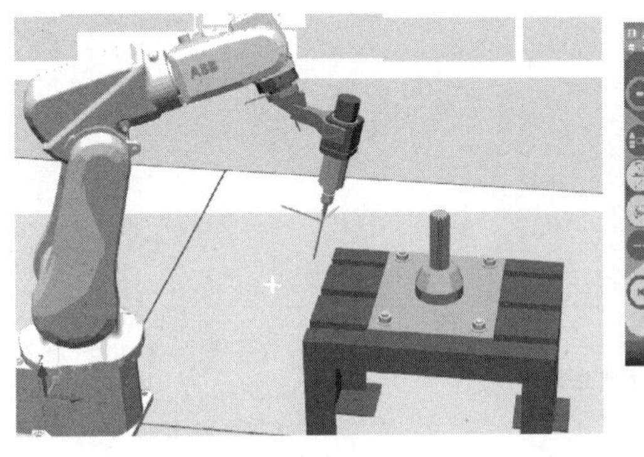	㉔选择合适的动作模式，使用摇杆将机器人运动到图中的位置，作为机器人的空闲等待点
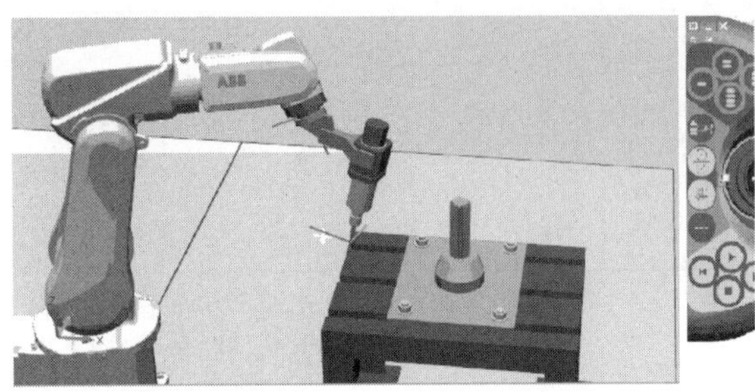	㉕选择合适的动作模式，使用摇杆将机器人运动到图中的位置，作为机器人的 p10 点
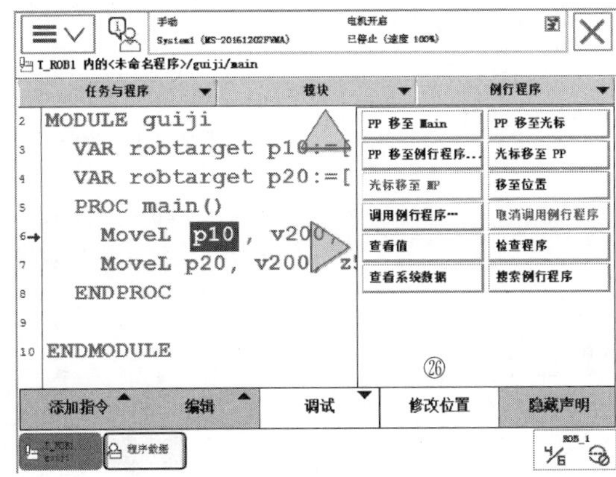	㉖选定“p10”点，单击“修改位置”，将机器人的当前位置数据记录下来

续表

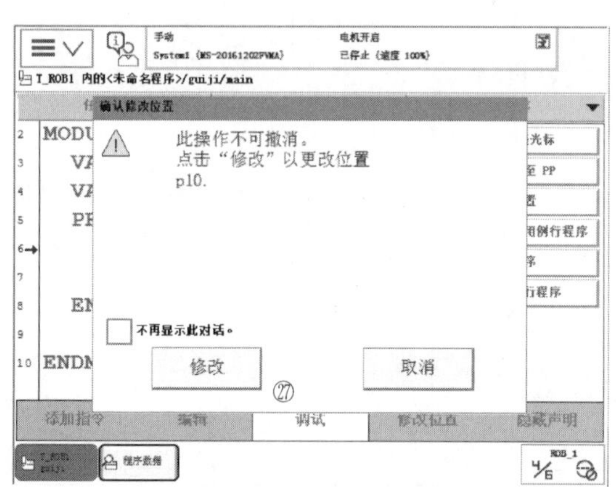	㉗单击"修改",进行确认 ㉘参照第㉕～㉗步,修改 p20 位置数据
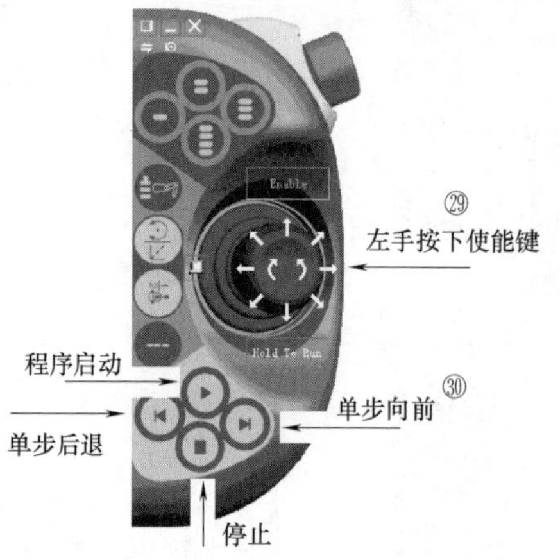	㉙左手按下使能键,进入"电机开启"状态 ㉚按"单步向前",小心观察机器人的移动轨迹
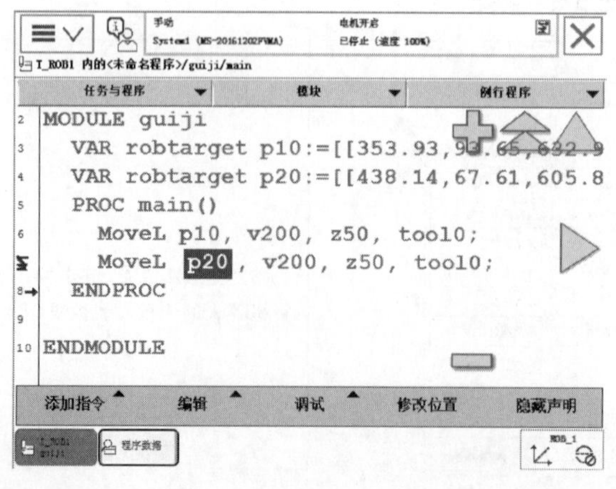	㉛在指令左侧出现一个小机器人,说明机器人到达哪个位置,光标说明机器人执行到哪一步程序

续表

<table>
<tr><td></td><td>㉜单步调试成功后，将机器人状态开关往左旋转到自动状态，并按下电机上电按钮</td></tr>
<tr><td>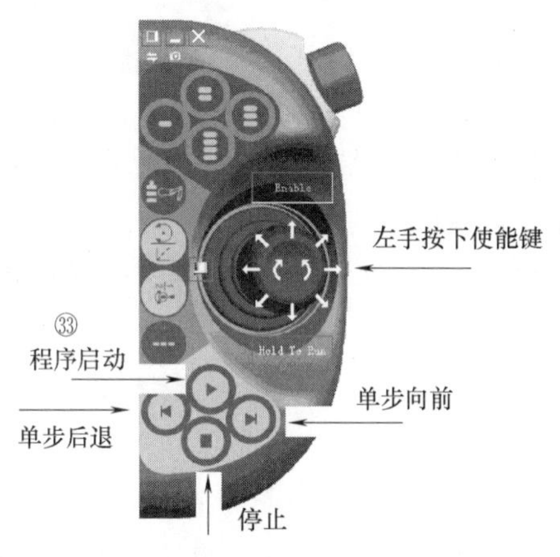</td><td>㉝按下“程序启动按钮”，机器人即可按照规定的轨迹进行运动</td></tr>
</table>

（三）机器人运动指令

机器人在空间中运动主要有线性运动（MoveL）、关节运动（MoveJ）、圆弧运动（MoveC）和绝对位置运动（MoveAbsJ）四种方式。

1. 线性运动指令（MoveL）

线性运动是机器人的 TCP 从起点到终点之间的路径始终保持为直线。一般如焊接、涂胶等应用，对路径要求高的场合使用此指令，见图 3-11。

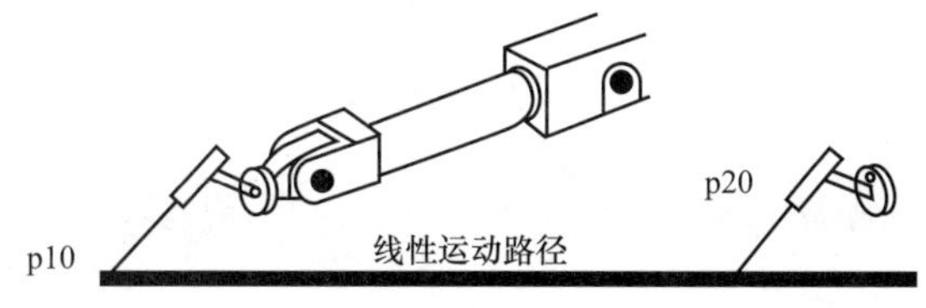

图 3-11 线性运动

指令样例：

```
MoveL p10,v200,Z50, tool1\Wobj:=wobj1;           //从预设点(如原点)到 p10 点
MoveL p20,v200,fine,tool1\Wobj:=wobj1;           //从 p10 点到 p20 点
```

指令解释：

机器人 TCP 点从 p10 按直线运动到 p20 点，指令参数含义见表 3-12。

表 3-12 MoveL 指令参数含义

参数	含　义	参数	含　义
p10(p20)	目标点位置数据	tool1	工具坐标数据
v200	运动速度数据 200mm/s	wobj1	工件坐标数据
z50(fine)	转弯区数据		

* **注意：**

目标点位置数据定义机器人 TCP 点的运动目标，可以在示教器中单击“修改位置”进行修改；

运动速度数据定义速度（mm/s）；

转弯区数据定义转变区的大小（mm）；

工具坐标数据定义当前指令使用的工具；

工件坐标数据定义当前指令使用的工件坐标。

2. **关节运动指令**（MoveJ）

关节运动指令是对路径精度要求不高的情况下，机器人的工具中心点 TCP 从一个位置移动到另一个位置，两个位置之间的路径不一定是直线，见图 3-12。

关节运动指令适合机器人大范围运动时使用，不容易在运动过程中出现关节轴进入机械死点的问题。

指令样例：

```
MoveJ p10,v200,z50,tool1\Wobj:=wobj1;
MoveJ p20,v200,fine,tool1\Wobj:=wobj1;
```

指令解释：

机器人工具中心点从 p10 点移动到 p20 点，但移动过程路径机器人具有不确定性，指令参数含义见表 3-12。

3. **圆弧运动指令**（MoveC）

圆弧路径是在机器人可到达的控制范围内定义三个位置点，第一个点是圆弧的起点，第二个点用于圆弧的曲率，第三个点是圆弧的终点，见图 3-13。

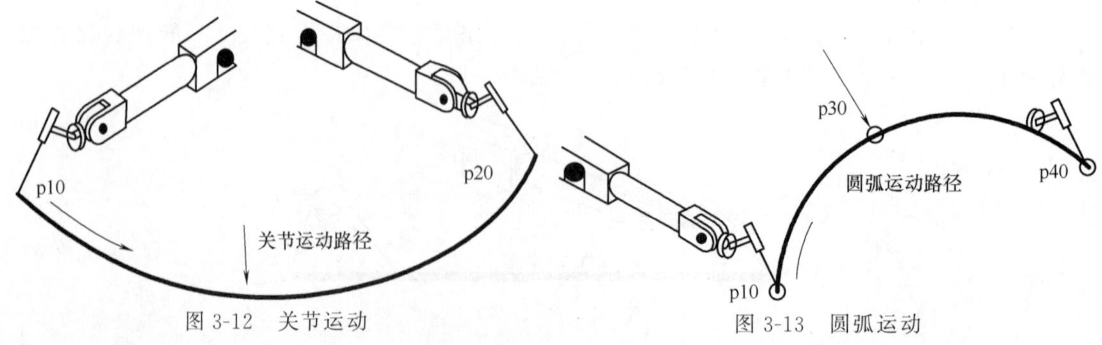

图 3-12 关节运动　　图 3-13 圆弧运动

指令样例：

```
MoveL p10,v1000,fine,tool1\Wobj:=wobj1;
MoveC p30,p40,v1000,z1,tool1\Wobj:=wobj1;
```

指令解释：

机器人 TCP 点按照 p10、p30、p40 所确定的圆弧运动，指令参数含义见表 3-13。

表 3-13　MoveC 指令参数含义

参数	含　义	参数	含　义
p10	圆弧的第一个点	p40	圆弧的第三个点
p30	圆弧的第二个点	fine\z1	转弯区数据

4. 绝对位置运动指令（MoveAbsJ）

绝对位置运动指令是机器人的运动使用六个轴和外轴的角度值来定义目标位置数据，常用于机器人六个轴回到机械零点（0°）的位置。

指令样例：

MoveAbsJ jpos10\NoEOffs,v1000,z50,tool1\Wobj:=wobj1;

指令解释：

机器人回机械零点（jpos10），指令参数含义见表 3-14。

表 3-14　MoveAbsJ 指令参数含义

参数	含　义	参数	含　义
jpos10	目标点位置数据	z50	转弯区数据
\NoEOffs	外轴不带偏移数据	tool1	工具坐标数据
v1000	运动速度数据 1000mm/s	wobj1	工件坐标数据

5. 运动指令的使用示例

MoveL p1，v200，z10，tool1 \ Wobj：=wobj1；

MoveL p2，v100，fine，tool1 \ Wobj：=wobj1；

MoveJ p3，v500，fine，tool1 \ Wobj：=wobj；

MoveJ、MoveC、MoveAbsJ 指令输入方式与 MoveL 一样，如图 3-14 所示。

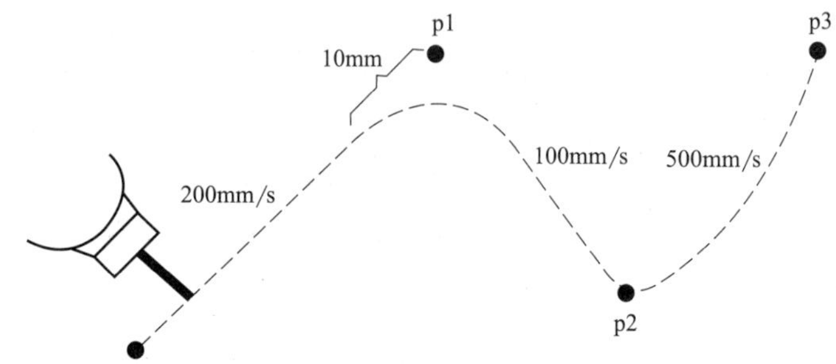

图 3-14　运动指令使用示例

程序解释：

① 机器人的 TCP 从当前位置向 p1 点以线性运动方式前进，速度是 200mm/s，转弯区数据是 10mm，距离 p1 点还有 10mm 的时候开始转弯，使用的工具数据是 tool1，工件坐标数据是 wobj1。

② 机器人的 TCP 从 p1 向 p2 点以线性运动方式前进，速度是 100mm/s，转弯区数据是 fine，机器人在 p2 点稍作停顿，使用的工具数据是 tool1，工件坐标数据是 wobj1。

③ 机器人的 TCP 从 p2 向 p3 点以关节运动方式前进，速度是 500mm/s，转弯区数据是 fine，机器人在 p3 点停止，使用的工具数据是 tool1，工件坐标数据是 wobj1。

提示：

关于速度：速度一般最高为 50000mm/s，在手动限速状态下，所有的运动速度被限速在 250mm/s。

关于转弯区：fine 指机器人 TCP 达到目标点，在目标点速度降为零。机器人动作有所停顿然后再向下运动，如果是一段路径的最后一个点，一定要为 fine。转弯区数值越大，机器人的动作路径就越圆滑与流畅，但不一定与实际的圆弧相符，需要根据实际情况选择合适的转弯数据。

【任务实施】

在某机械加工设备上，要求机器人按照预定的轨迹进行运动（见图 3-15），请你采用 MoveL 等指令，编写程序并调试。

1. 控制要求

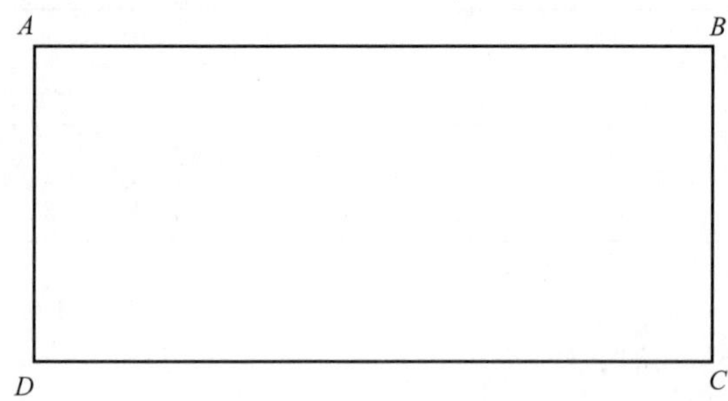

图 3-15　运动轨迹示意图

① 行走轨迹：机械零点→A 上方 100mm→A→B→C→D→A→A 上方 100mm→机械零点。

② 运动速度：A→B 段为 300mm/s，C→D 为 400mm/s，其余为 150mm/s。

③ 工具为一圆柱形笔状工具。

2. 运动轨迹示意图

运动轨迹示意图如图 3-15 所示。工作任务单见表 3-15。

表 3-15　工作任务单

工单号：______________　　　　　　日期：

工作任务	编制程序，让机器人按照预定轨迹自行运动		
项目负责人		项目组成员	
开工时间		完工时间	
要求 （篇幅较大时，可用附件说明）	在某机械加工设备上，要求机器人的工具按照预定的轨迹进行运动（见图 3-15），请你采用 MoveL 等指令，编写程序并调试 要求： 1. 行走轨迹：机械零点→A 上方 100mm→A→B→C→D→A→A 上方 100mm→机械零点 2. 运动速度：A→B 段为 300mm/s，C→D 为 400mm/s，其余为 150mm/s 3. 机器人的“启动”“运行”等功能，采用示教器上的“程序启动”“停止”按键		
效果 （客户评价）		日期	

3. 确定编程思路

机器人控制柜上电→系统初始化（含工具回机械零点）→A 上方 100mm→A→B→C→D→A→A 上方 100mm→回机械零点。

4. 设计程序流程图（见图 3-16）

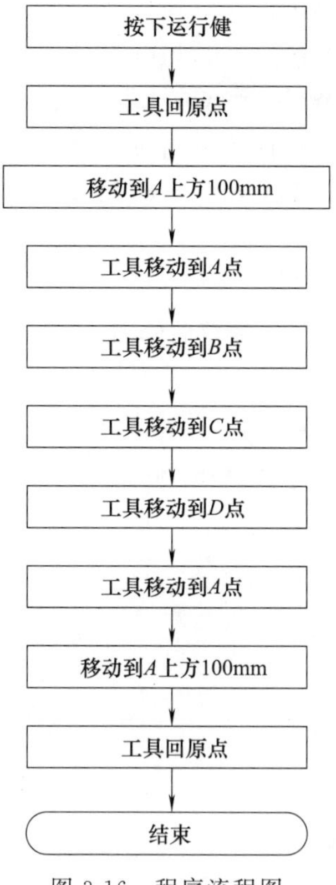

图 3-16　程序流程图

5. 确定各示教点（见表 3-16）

表 3-16　任务示教点

序号	点序号	注释	备注
1	pHome	机器人初始位置(原点)	由编程员示教,确定位置数据
2	p1	*A* 点上方 100mm	由编程员示教,确定位置数据
3	p2	*A* 点	由编程员示教,确定位置数据
4	p3	*B* 点	由编程员示教,确定位置数据
5	p4	*C* 点	由编程员示教,确定位置数据
6	p5	*D* 点	由编程员示教,确定位置数据

6. 确定工具坐标等程序数据

详见相关内容。

7. 编写并使用示教器输入程序

程序样例：

```
PROC main()
    MoveJ phome,v150,z50,tool1\Wobj:=wobj1;        //回机械零点
    MoveJ p1,v150,z50,tool1\Wobj:=wobj1;           //移动到 A 点上方 100mm
    MoveL p2,v150,z1,tool1\Wobj:=wobj1;            //移动到 A 点
```

```
  MoveL p3,v300,z10,tool1\Wobj:=wobj1;          //移动到 B 点
  MoveL p4,v150,z1,tool1\Wobj:=wobj1;           //移动到 C 点
  MoveL p5,v400,z1,tool1\Wobj:=wobj1;           //移动到 D 点
  MoveL p2,v150,z1,tool1\Wobj:=wobj1;           //移动到 A 点
  MoveL p1,v150,z1,tool1\Wobj:=wobj1;           //移动到 A 点上方 10mm
  MoveJ phome,v150,z50,tool1\Wobj:=wobj1;       //回原点
ENDPROC
```

8. 修改各点位置数据

具体步骤参考表 3-11，请读者自行示教后修改。

9. 调试

调试步骤参考表 3-11。

任务四

工业机器人打磨工作站现场编程

能力目标

1. 能阐述打磨工作站的基本结构。

2. 能根据需求设定合适的程序数据。

3. 能根据不同的打磨对象及路径选择合适的工装夹具。

4. 能选择并使用 MoveJ、MoveL、MoveC、Compact IF、IF、FOR、WHILE、ProcCall、Stop 等指令完成程序的编写及输入。

5. 能根据工作要求进行设备的调试。

工作任务描述

机器人打磨工作站（见图 4-1）由工业机器人、打磨机具、终端执行器等外围设备硬件系统和机器人编程等软件系统组成。打磨机器人的自动化系统集成，就是将组成打磨机器人的各种软硬件系统集成为相互关联、统一协调的总控制系统，以实现机器人的自动化打磨、抛光、去毛刺加工。因此，打磨机器人自动化项目实施的主要工作流程是：方案设计→程序编写→样机试验→现场安装。现在你的任务是需要根据方案中确定打磨的轨迹以及磨头的特点进行运动程序的编写→样机试运行工作。

图 4-1　机器人打磨工作站

【学习准备】

指令讲解如下。

一、条件逻辑判断指令

条件逻辑判断指令用于对条件进行判断后，执行相应的操作，是 RAPID 中重要的组成部分。

1. Compact IF 紧凑型条件判断指令

紧凑型条件判断指令用于当一个条件满足了以后，就执行一句指令。

指令样例：

IF flag1＝TRUE reg1＝5;

指令解释：

如果 flag1 的状态为 TRUE，则 feg1 被赋值为 5。

指令输入步骤见表 4-1，同一条指令的输入有多种方式，在此仅作一种方式的输入，其余方式请读者自行去实践。

表 4-1 Compact IF 指令输入步骤

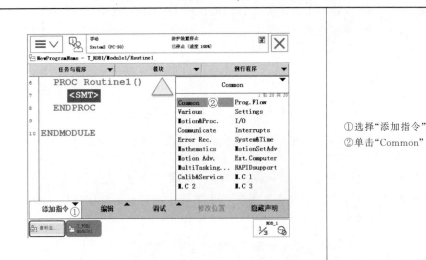

	①选择“添加指令” ②单击“Common”
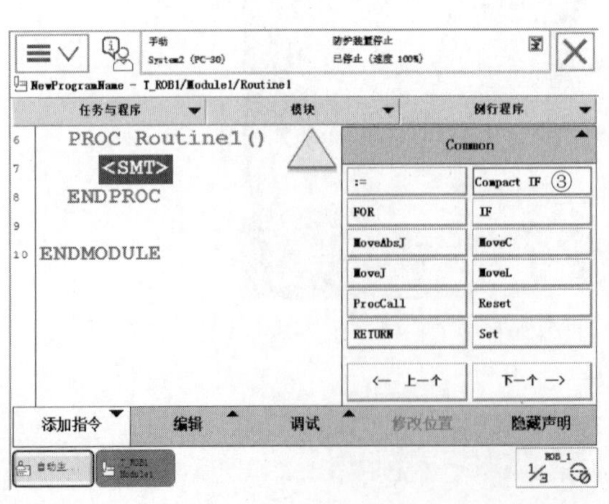	③单击“Compact IF”

续表

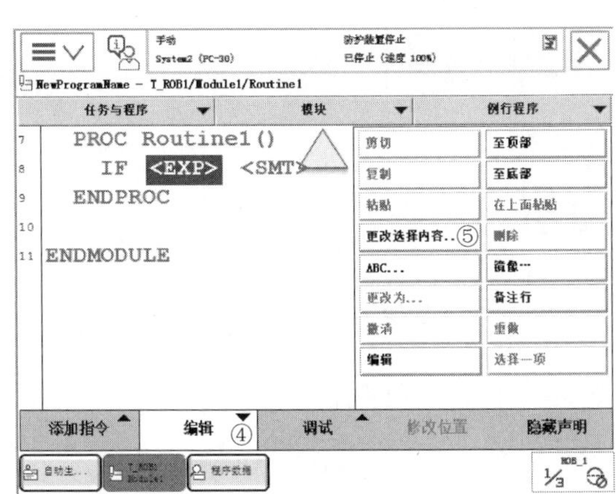

④选择“编辑”
⑤单击“更改选择内容...”

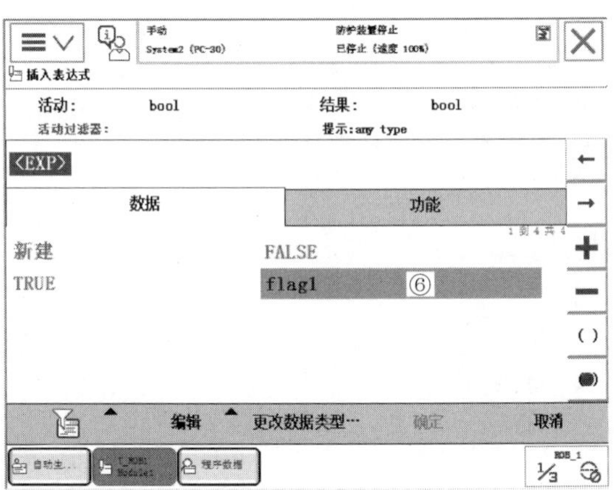

⑥单击“flag1”
注：flag1 是预先定义好的布尔量程序数据，若没有预先定义，则需单击“新建”，重新定义

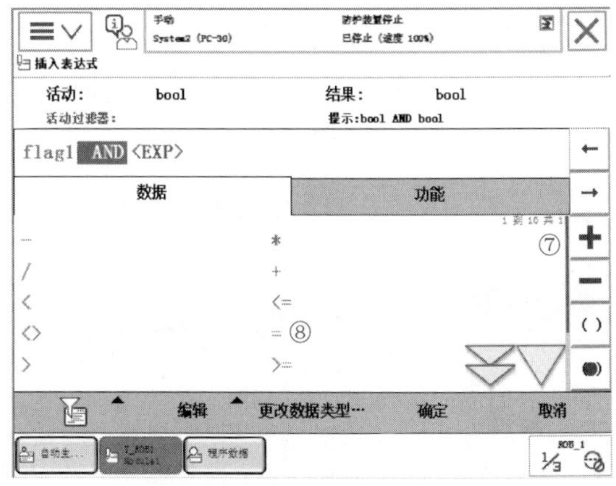

⑦单击“+”
⑧选择“=”

续表

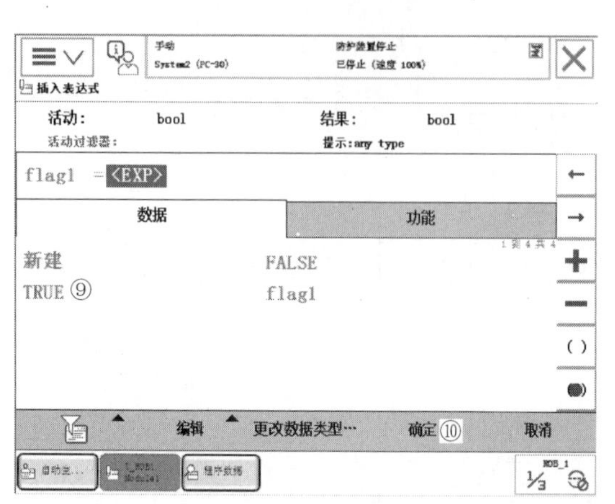

⑨选择“TRUE”

⑩单击“确定”

注:flag1 为 bool 数据,可通过程序数据设定

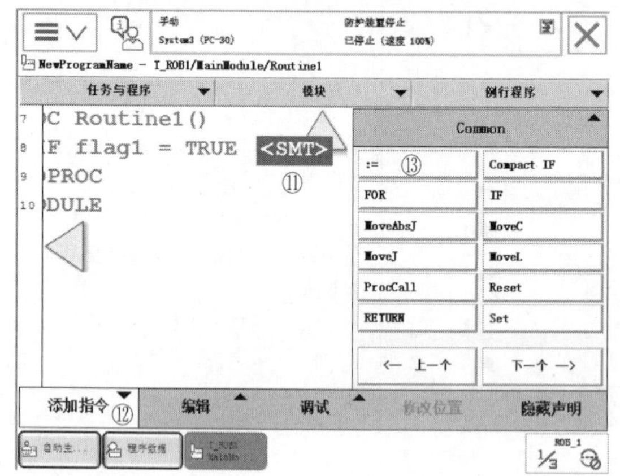

⑪将光标移到<SMT>

⑫单击“添加指令”

⑬选择“Common”,并单击“:=”

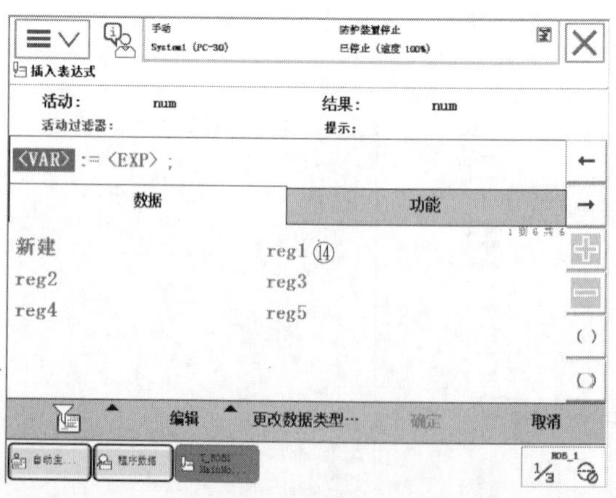

⑭单击“reg1”

注:reg1 为 num 数据,可通过程序数据设定

续表

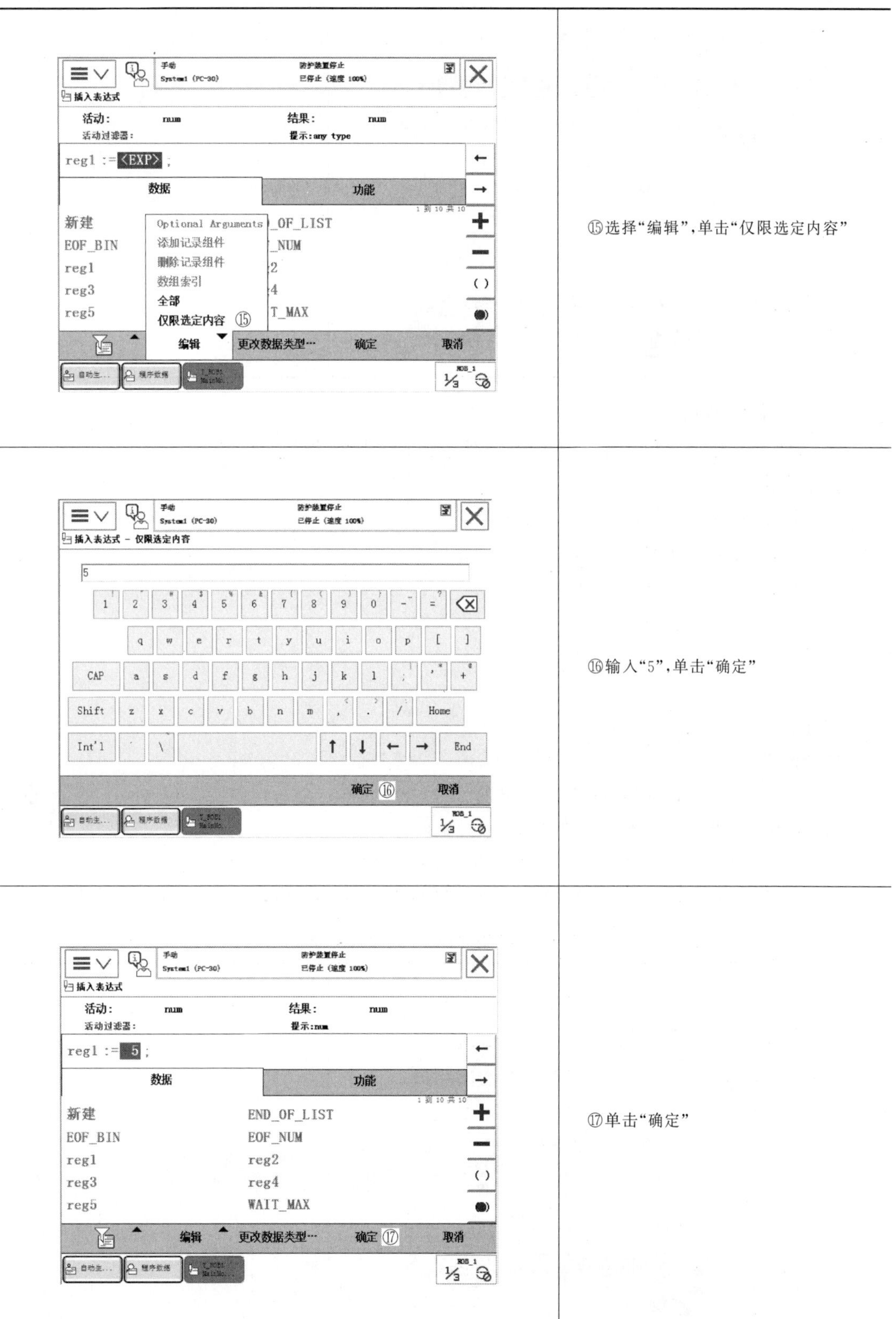

⑮选择“编辑”，单击“仅限选定内容”

⑯输入“5”，单击“确定”

⑰单击“确定”

续表

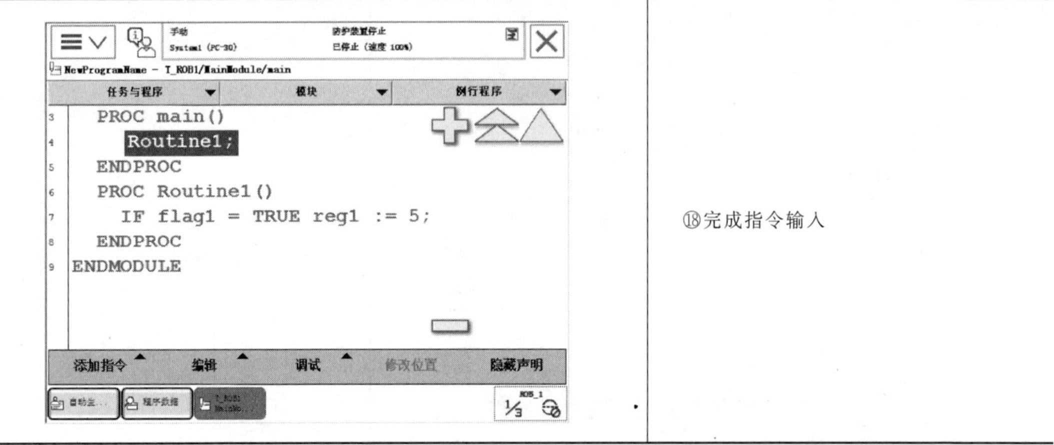	⑱完成指令输入

2. IF 条件判断指令

IF 条件判断指令，就是根据不同的条件去执行不同的指令。

指令样例：

```
    IF num1=1 THEN
      flag:=TRUE;
    ELSEIF num1=2 THEN
      flag1:=FALSE;
    ELSE
      Set do1;
ENDIF
```

指令解释：

如果 num1 为 1，则 flag1 会赋值为 TRUE。如果 num1 为 2，则 flag1 会赋值为 FALSE，除了以上两种条件外，则执行 do1 置位为 1。

注：条件判定的条件数量可以根据实际情况进行增加与减少。

指令输入步骤与 Compact IF 紧凑型条件判断指令输入类似，但略有不同，见表 4-2。

表 4-2 IF 条件判断指令输入步骤

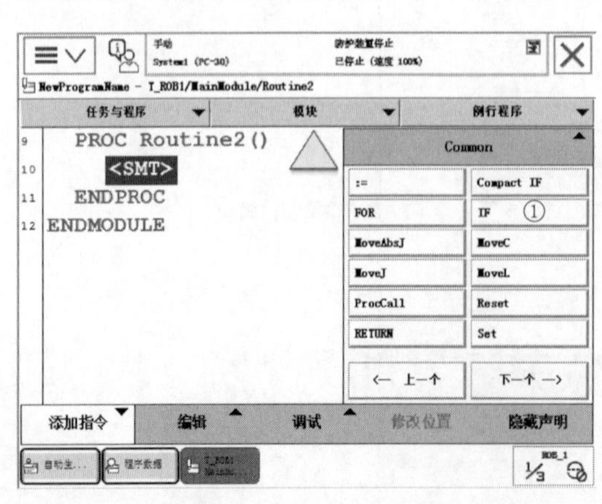	①单击“IF”

续表

	②在空白处点击“IF... ENDIF” ③选择“更改选择内容...”
	④单击“添加 ELSEIF”

 更改选择 - IF
选择待更改的部分。
IF <Expression> THEN
<SMT>
ELSEIF <EXP> THEN
<SMT>
ENDIF
添加 ELSE ⑤　添加 ELSEIF　确定 ⑥　取消
	⑤单击“添加 ELSE”
	⑥单击“确定”

续表

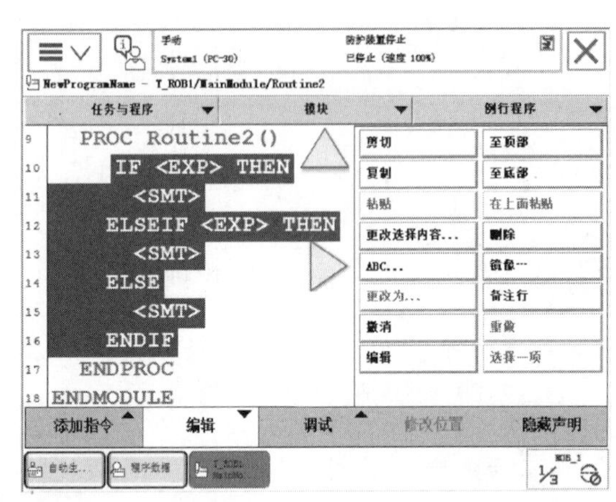	⑦出现完整的"IF…ELSEIF…ELSE"指令，如果需要多个条件，可多次添加即可 注：如何输入其他参数可参阅表 4-3，在此不累叙

3. WHILE 条件判断指令

WHILE 条件判断指令，用于在给定条件满足的情况下，一直重复执行对应的指令。

指令样例：

```
WHILE a>20 DO
  a:=a-1;
ENDWHILE
```

指令解释：

当 a>20 的条件满足的情况下，就一直执行 a：=a-1 的操作，指令输入步骤见表 4-3。

表 4-3 WHILE 条件判断指令输入步骤

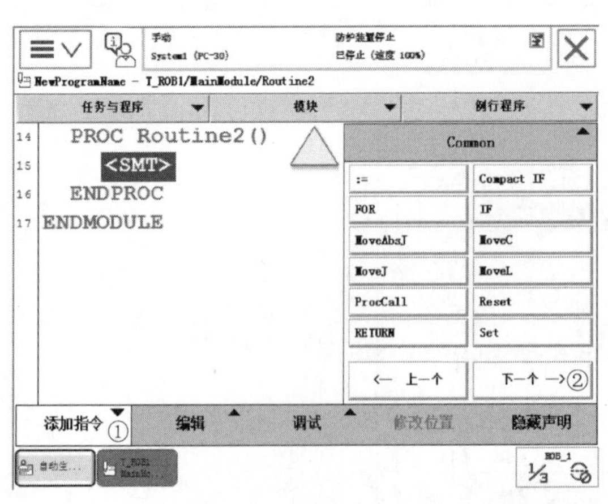	①选择"添加指令" ②单击"下一个"

续表

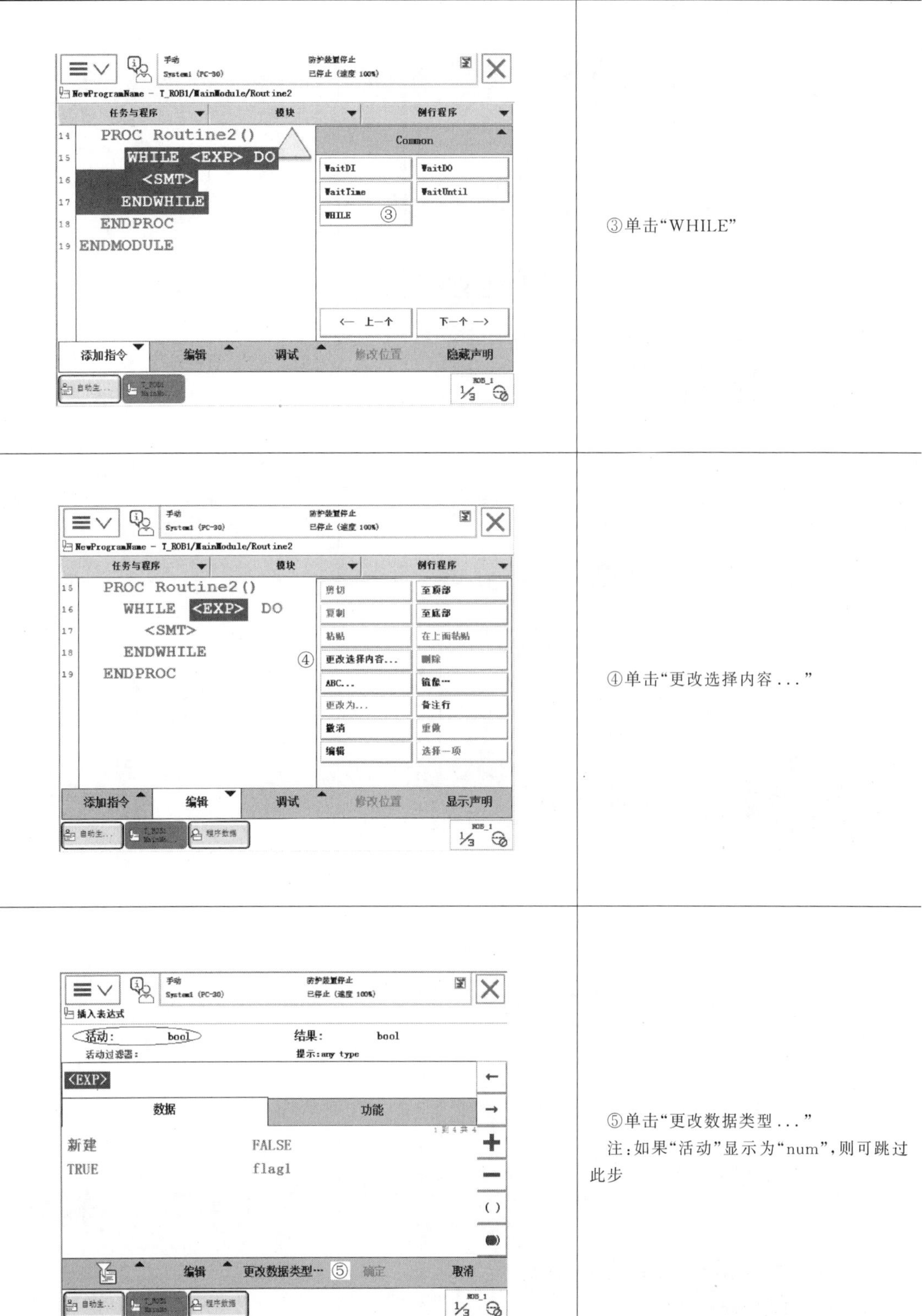

	③单击“WHILE”
	④单击“更改选择内容...”
	⑤单击“更改数据类型...” 注：如果“活动”显示为“num”，则可跳过此步

续表

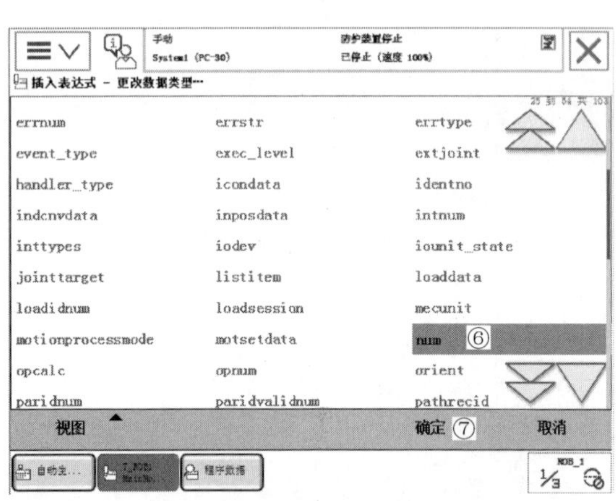

⑥选择“num”
⑦单击“确定”

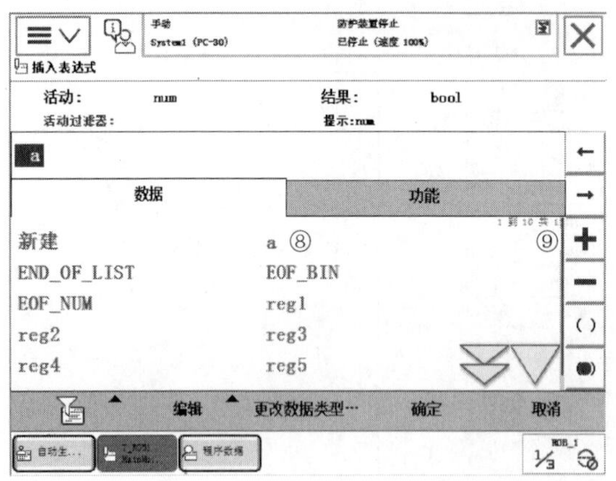

⑧单击“a”
⑨单击“+”
注:a是预先定义好的数值程序数据,若没有预先定义,则需单击“新建”,重新定义

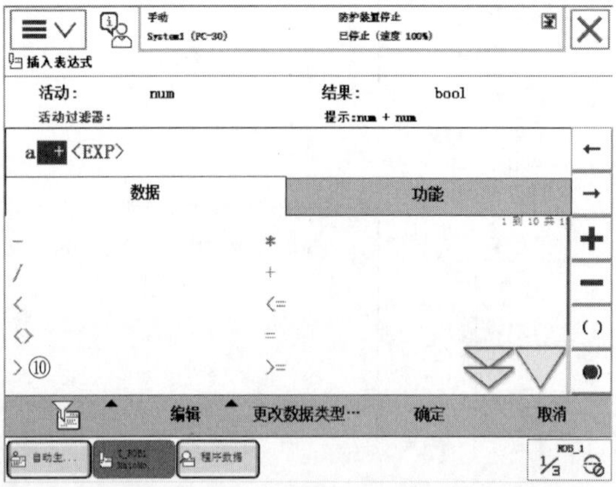

⑩单击“>”

续表

⑪将光标移至＜EXP＞
⑫选择“仅限选定内容”

⑬用软键盘输入“20”
⑭单击“确定”

⑮单击“确定”

续表

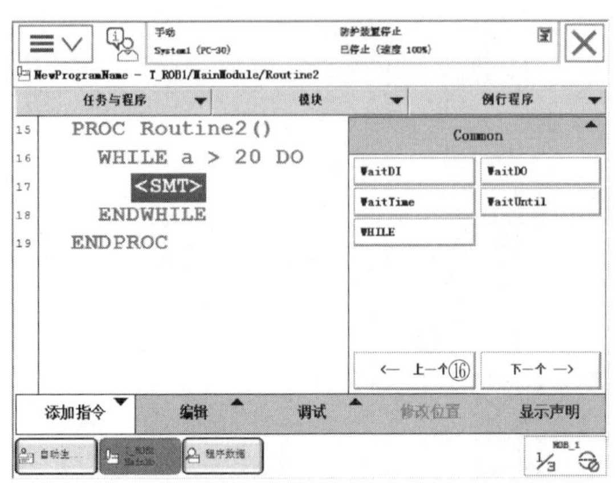

⑯单击“上一个”

⑰单击“:=”

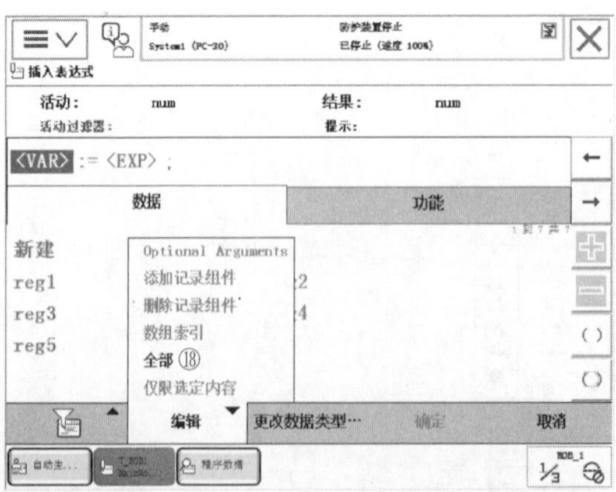

⑱选择“编辑”，单击“全部”

续表

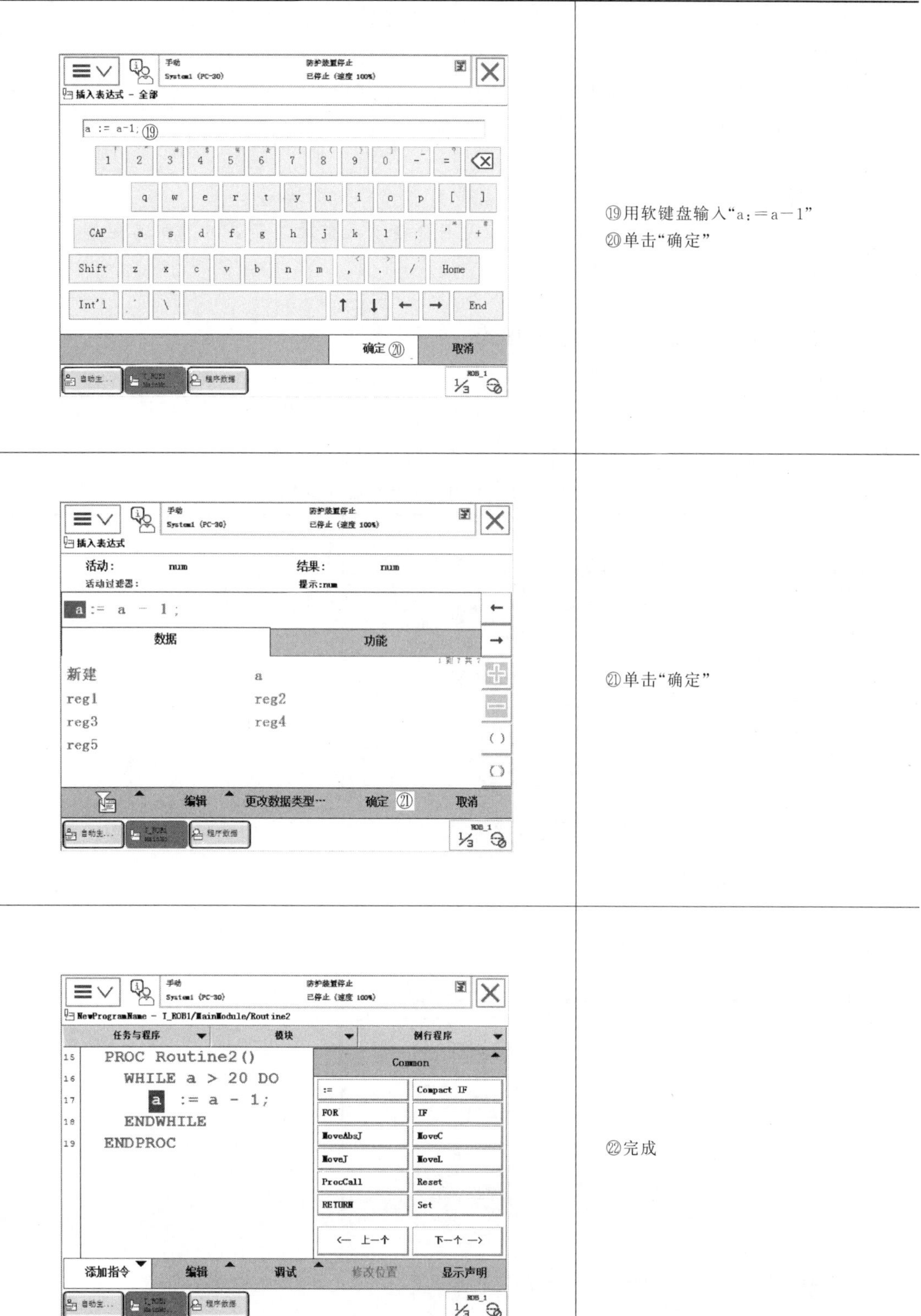

⑲用软键盘输入“a：=a－1”

⑳单击“确定”

㉑单击“确定”

㉒完成

4. FOR 重复执行判断指令

FOR 重复执行判断指令，用于一个或多个指令需要重复执行次数的情况。

指令样例：

```
FOR  i  FROM 1 TO 10 DO
  Routine1;
ENDFOR
```

指令解释：

例行程序 Routine1，重复执行 10 次；i 是存放当前数值的变量，亦可用其他字母代替。指令的输入步骤见表 4-4 第①～⑩步。

二、ProcCall 调用例行程序指令

指令解释：通过使用此指令在指定的位置调用例行程序，指令输入步骤见表 4-4 第⑪～⑭步。

表 4-4　FOR 重复执行判断指令输入步骤

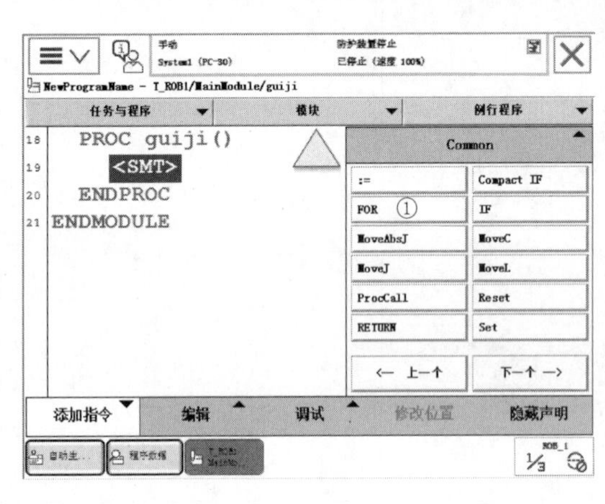	①单击“FOR”
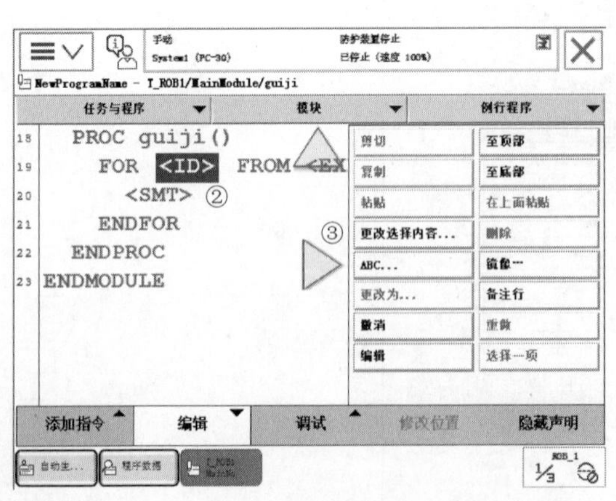	②将光标移至＜ID＞ ③单击“更改选择内容...”

续表

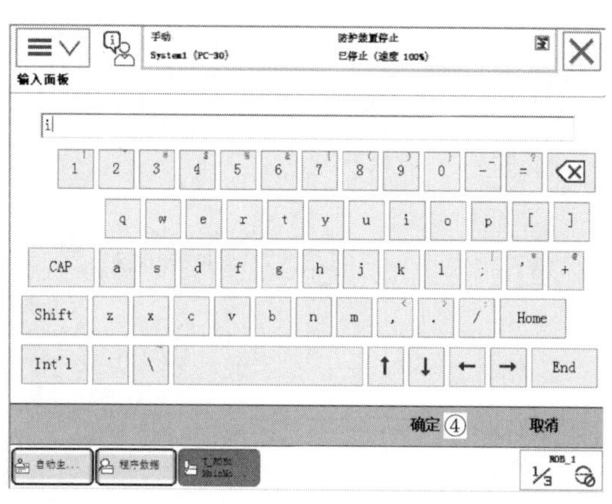

④用软键盘输入“i”后单击“确定”

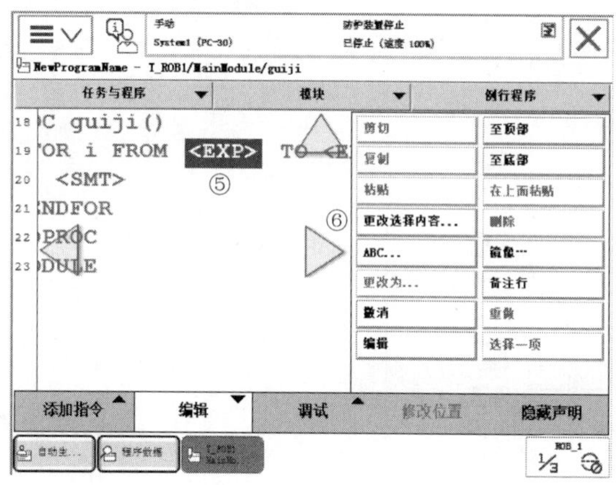

⑤将光标移至＜EXP＞
⑥单击“更改选择内容...”

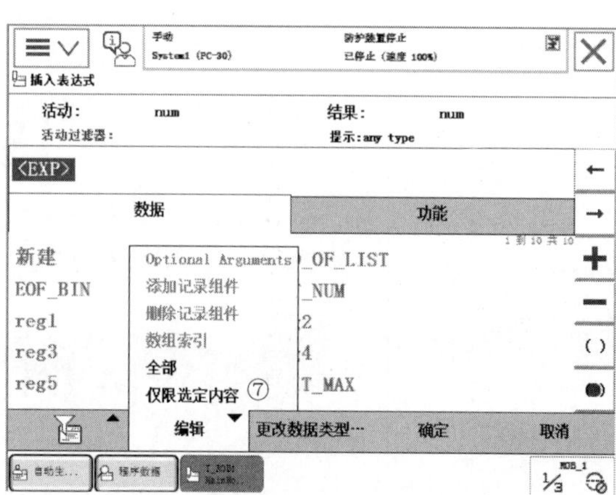

⑦选择“编辑”并单击“仅限选定内容”

续表

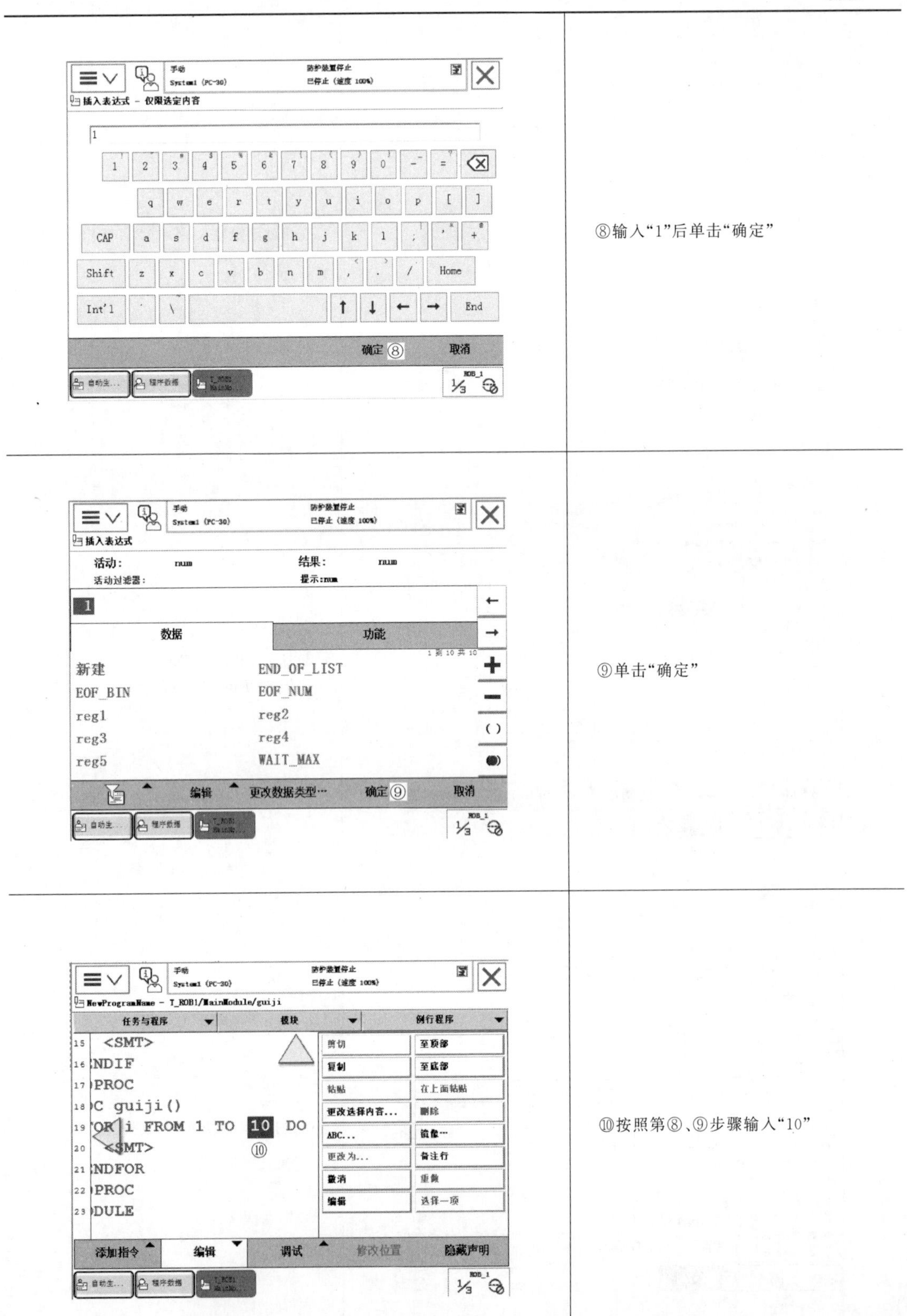

	⑧输入“1”后单击“确定”
	⑨单击“确定”
	⑩按照第⑧、⑨步骤输入“10”

续表

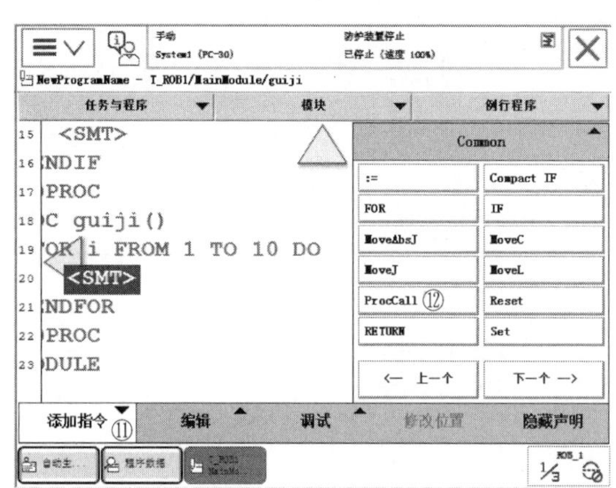

⑪将光标移到<SMT>，单击“添加指令”

⑫单击“ProcCall”

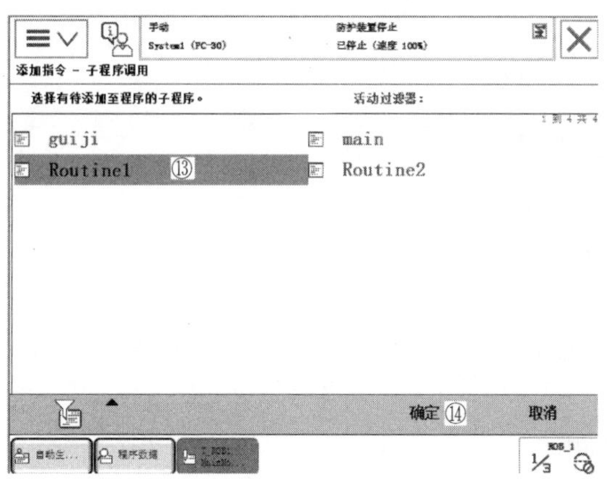

⑬选择“Routine1”

⑭单击“确定”

注：Routine1 为例行程序

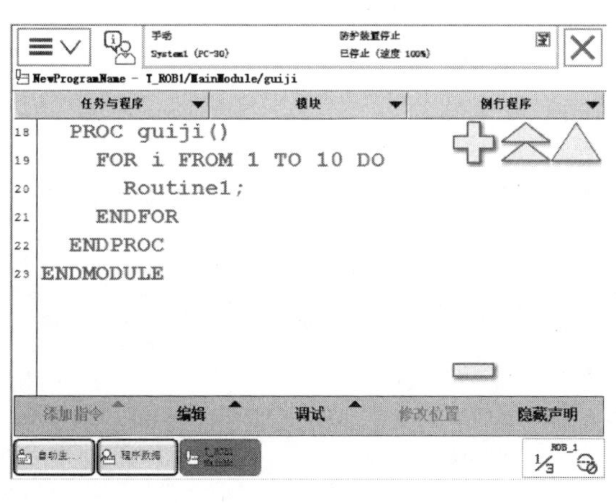

⑮完成

三、Stop 指令

Stop 指令为停止程序执行指令。

指令样例：

```
PROC main()
  FOR a FROM 1 TO 3 DO
        guiji;
  ENDFOR
  Stop;
ENDPROC
```

指令解释：

停止主程序的执行，输入步骤见表 4-5。

表 4-5　Stop 停止程序指令输入步骤

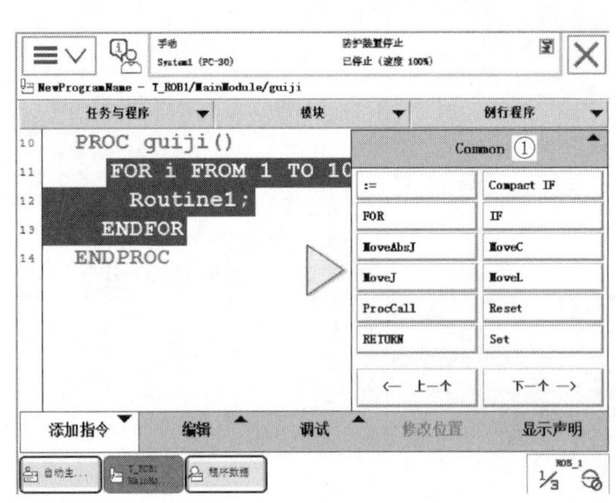	①选择"common"
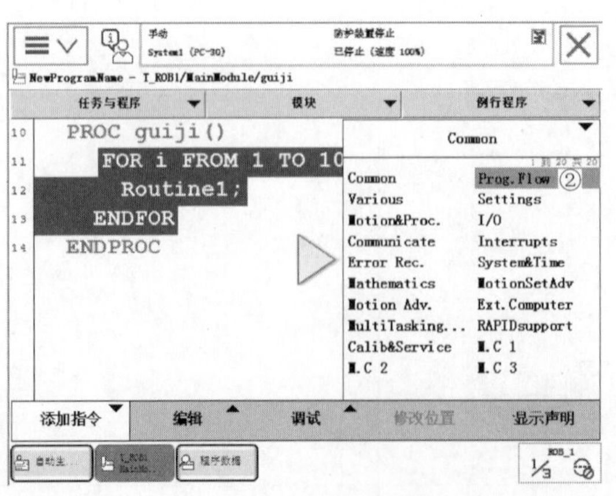	②单击"Prog. Flow"

续表

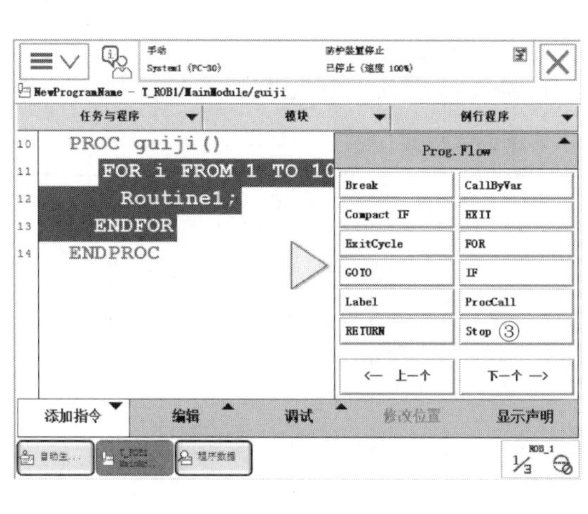	③单击“Stop”
	④单击“下方”
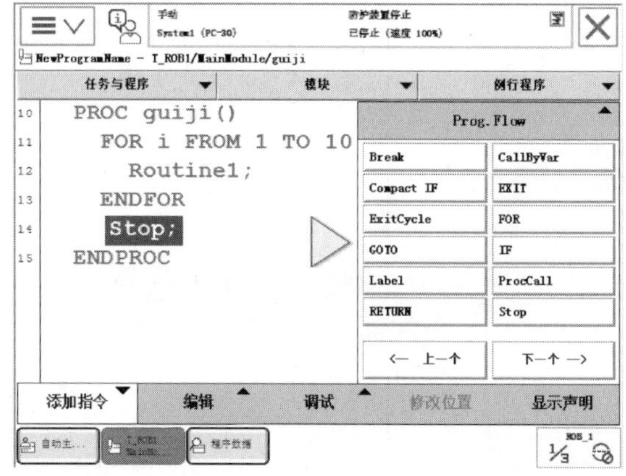	⑤完成

四、新建模块及例行程序

新建例行程序的步骤以及方法在任务三已经有所提及，在此做必要的复习，见表 4-6。

表 4-6　新建例行程序

图示	说明
	①选择“程序编辑器”
	②单击“取消”
	③打开“文件”菜单，选择“新建模块...”

续表

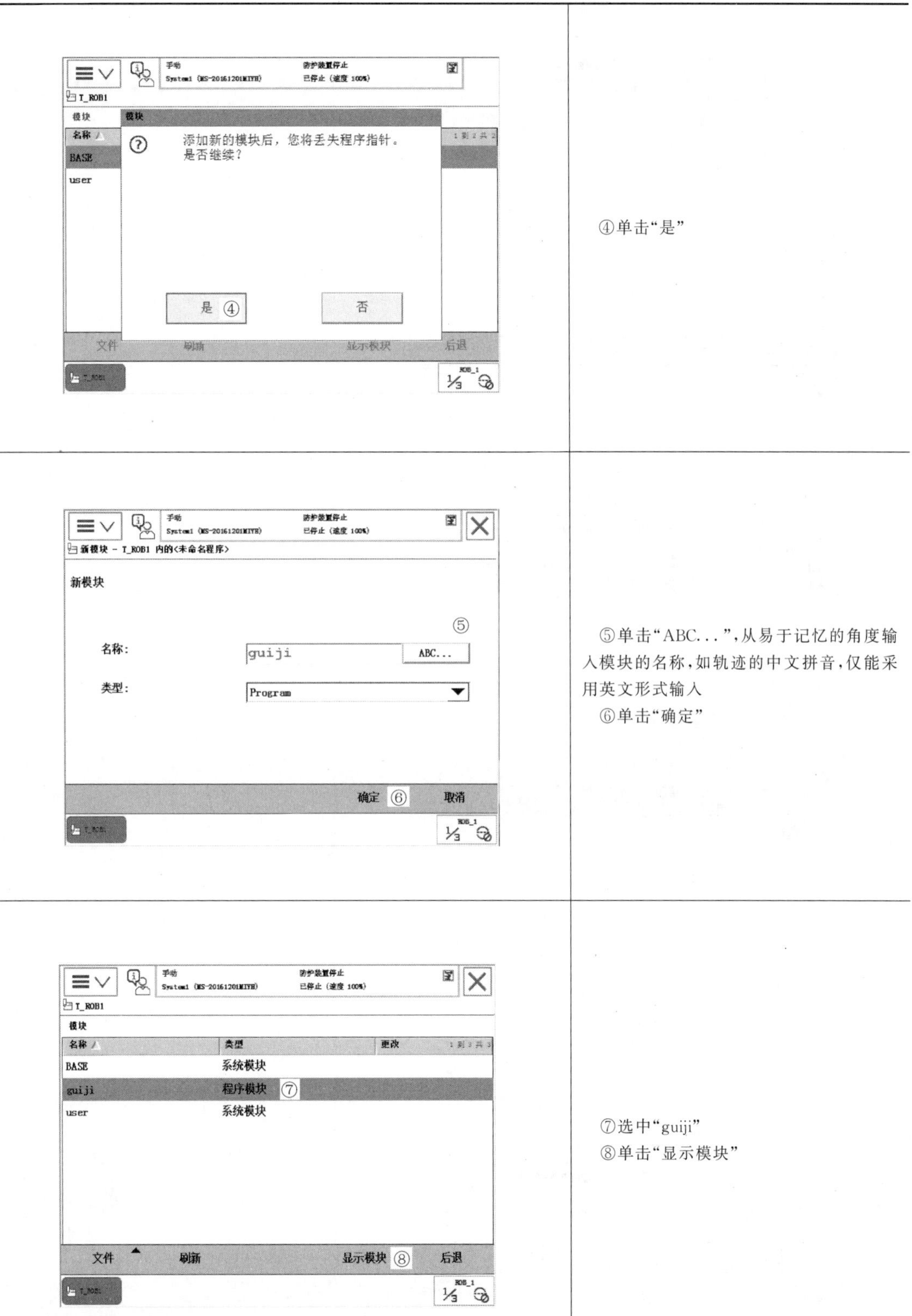

图示	操作说明
	④单击“是”
	⑤单击“ABC...”，从易于记忆的角度输入模块的名称，如轨迹的中文拼音，仅能采用英文形式输入 ⑥单击“确定”
	⑦选中“guiji” ⑧单击“显示模块”

续表

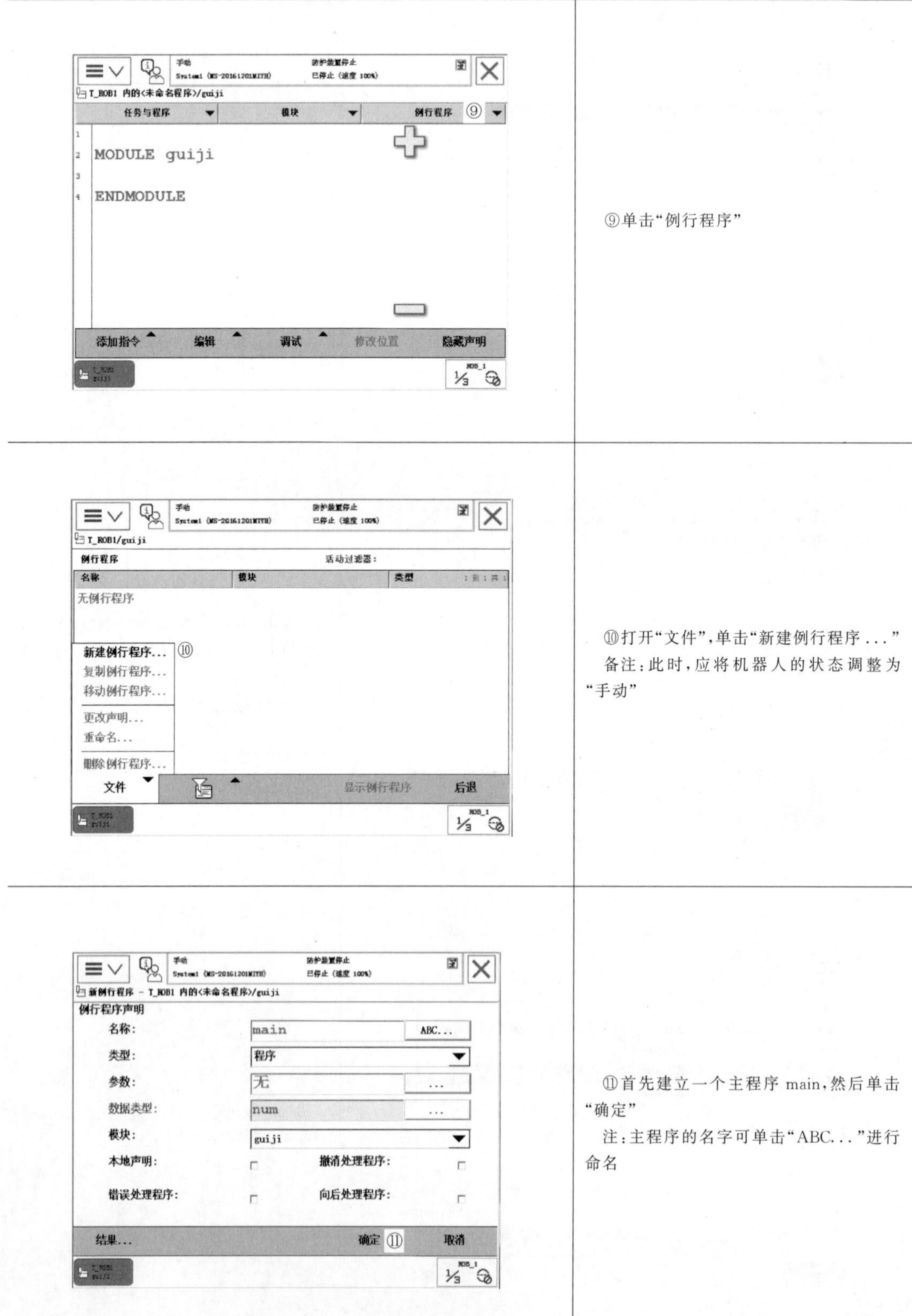

⑨单击“例行程序”

⑩打开“文件”，单击“新建例行程序...”

备注：此时，应将机器人的状态调整为“手动”

⑪首先建立一个主程序 main，然后单击“确定”

注：主程序的名字可单击“ABC...”进行命名

续表

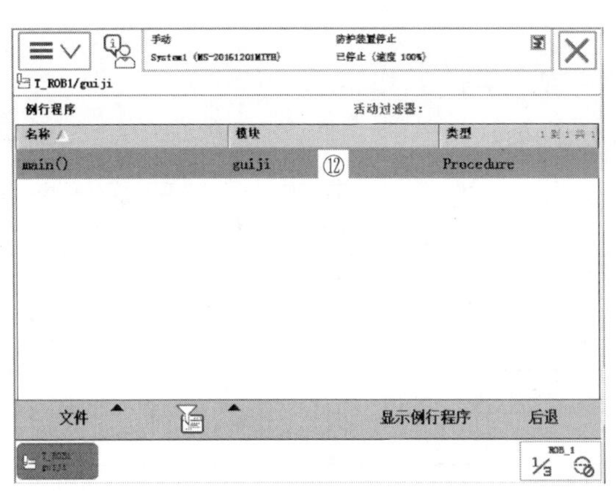	⑫选择“main”，然后单击“显示例行程序”，即可在 main 例行程序内输入程序 注：也可以双击“main”所在横条
	⑬单击“新建例行程序...”
	⑭可单击“ABC...”进行改名，过程与⑪、⑫步骤一致，此处暂用默认名字

续表

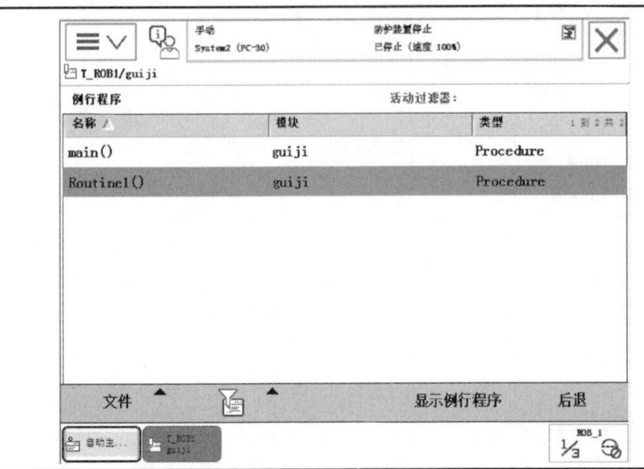	⑮完成，可单击“显示例行程序”，即可在 Rotinel 例行程序内输入程序

【任务实施】

1. 控制要求

打磨工作站工作时，当按下示教器的运行按键，机器人携带磨具按图 4-2 所示轨迹将毛刺打磨后回到原点，磨具的移动速度为 100mm/s，详见工作任务单（见表 4-7）。

2. 磨具运动轨迹示意图（见图 4-2）

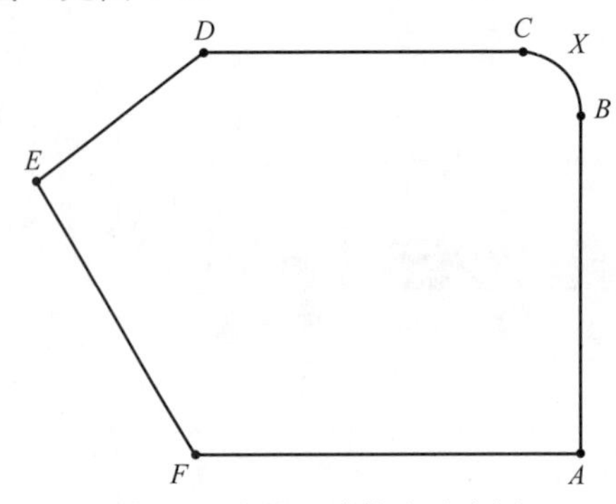

图 4-2　磨具运动轨迹示意图

表 4-7　工作任务单

工单号：＿＿＿＿＿＿＿＿　　日期：＿＿＿＿＿＿＿＿

工作任务	工业机器人打磨工作站机器人本体程序编写、样机调试		
项目负责人		项目组成员	
开工时间		完工时间	
验收标准		运动轨迹	
打磨形式	机器人携带磨具打磨	与外部的设备通信方式	暂不考虑
工装夹具的类型	气动机械式二指关节手爪	对现场操作人员的要求	仅需示教器上的运行键
控制要求（篇幅较大时，可用附件说明）	1. 速度要求：磨具移动到 A 点上方 100mm 的速度为 200mm/s，A 点→F 点的速度为 100mm/s 2. 磨具移动流程：磨具回原点→A 点上方 100mm→A→B→X→C→D→E→F→工具回原点→A 点上方 100mm→A→B→X→C→D→E→F→工具回原点→A 点上方 100mm→A→B→X→C→D→E→F→工具回原点→停止 3. 磨具的运行由其他电路控制，在此暂不考虑 4. 暂不考虑磨具的安装（默认磨具已安装在第 6 轴）、磨具的启停等工序		
客户签字确认		日期	
审核		日期	

3. 确定编程思路

机器人控制柜上电→系统初始化（含工具回原点）→按预定轨迹走路径（A 点上方 100mm→A→B→X→C→D→E→F）→工具回原点→按预定轨迹走路径（A 点上方 100mm→A→B→X→C→D→E→F）→工具回原点→按预定轨迹走路径（A 点上方 100mm→A→B→X→C→D→E→F）→工具回原点。

4. 设计程序流程图（见图 4-3）

5. 确定各示教点（见表 4-8）

表 4-8　示教点

序号	点序号	注释	备注
1	pHome	机器人初始位置(原点)	由编程员示教,确定位置数据
2	p10	A 点上方 100mm	由编程员示教,确定位置数据
3	p20	A 点	由编程员示教,确定位置数据
4	p30	B 点	由编程员示教,确定位置数据
5	p40	X 点	由编程员示教,确定位置数据
6	p50	C 点	由编程员示教,确定位置数据
7	p60	D 点	由编程员示教,确定位置数据
8	p70	E 点	由编程员示教,确定位置数据
9	p80	F 点	由编程员示教,确定位置数据

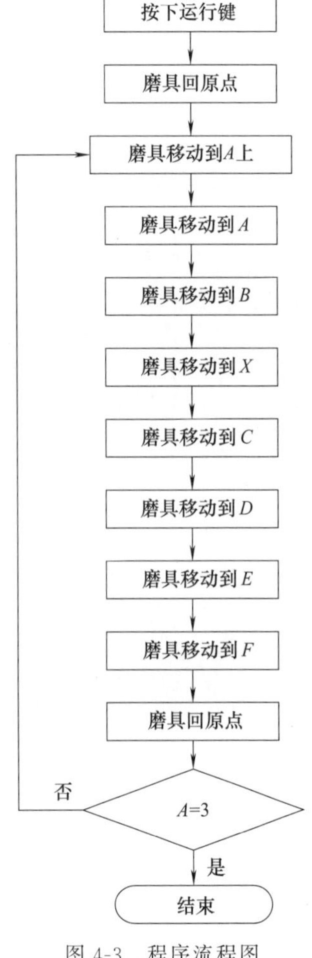

图 4-3　程序流程图

6. 确定工具坐标等程序数据

详见相关内容。

7. 编写并使用示教器输入程序

程序样例：

```
PROC main()
  FOR a FROM 1 TO 3 DO
      guiji;
  ENDFOR
  Stop;
ENDPROC
PROC guiji()
  MoveJ phome,v200,z50,tool1\Wobj:=wobj1;
  MoveJ p10,v200,z50,tool1\Wobj:=wobj1;
  MoveL p20,v100,z1,tool1\Wobj:=wobj1;
  MoveC p40,p50,v200,z10,tool1\Wobj:=wobj1;
  MoveL p60,v100,z1,tool1\Wobj:=wobj1;
  MoveL p70,v100,z1,tool1\Wobj:=wobj1;
  MoveL p80,v100,z1,tool1\Wobj:=wobj1;
  MoveL p20,v100,z1,tool1\Wobj:=wobj1;
  MoveL phome,v200,z50,tool1\Wobj:=wobj1;
ENDPROC
```

8. **修改各点位置数据**

具体步骤参考任务三表 3-11，请读者自行示教后修改。

9. **调试**

调试步骤参考任务三表 3-11。

任务五

工业机器人搬运工作站现场编程

能力目标

1. 能阐述搬运工作站的基本结构。

2. 能根据不同的搬运对象选择合适的工装夹具。

3. 能进行 ABB 机器人 I/O 通信参数设置。

4. 能设计机器人 I/O 口与外部连接电路图，并完成接线工作。

5. 能使用 Offs、Set、Rest、WaitDI、WaitDO、WaitTime、WaitUntil 等指令完成程序的编写并进行调试。

工作任务描述

工业机器人搬运工作站（见图 5-1）由工业机器人、输送线、仓库、终端执行器等外围设备硬件系统和机器人编程等软件系统组成。搬运机器人的自动化系统集成，就是将组成搬运机器人的各种软硬件系统集成为相互关联、统一协调的总控制系统，以实现机器人的自动化搬运工作。因此，机器人自动化项目实施的主要工作流程是：方案设计→设备采购→程序编写→样机试验→现场安装。现在你的任务是根据方案中确定搬运的轨迹以及货物的特点进行程序的编写→样机试运行工作。

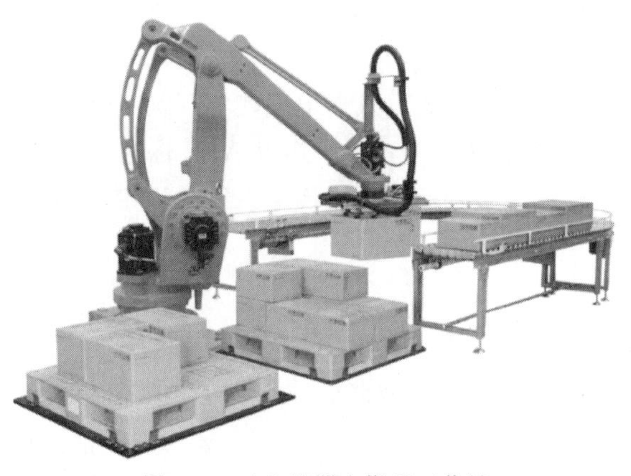

图 5-1　工业机器人搬运工作站

【学习准备】

一、ABB 机器人的 I/O 通信

（一） I/O 通信接口基本介绍

ABB 机器人提供了丰富的 I/O 通信接口，可以轻松地实现与周边设备（如按钮、指示

灯、PLC 的 I/O 接口等）进行信号交换（见表 5-1），与 PLC 的 I/O 接口类似，但需要进行专门设置。

表 5-1　ABB 工业机器人 I/O 通信

PC	现场总线	ABB 标准
RS232 通信 OPC server Socket Message①	Device Net② Profibus② Profibus-DP② Profinet② EtherNet IP②	标准 I/O 板 PLC

① 一种通信协议。

② 不同厂商推出的现场总线协议。

1. 数字输入输出端作用

通过数字输入端 di 接收外部按钮、设备等传送过来的信号，通过数字输出端 do 将机器人运算结果或状态（如报警信号）传给外部设备。

2. 模拟信号输入输出端作用

通过模拟信号输入端 ai 接受外部外部设备（如传感器、PLC 等）传送过来的信号，通过模拟信号输出端 ao 将机器人运算结果或状态传给外部设备。

3. 关于 ABB 机器人的 I/O 通信接口的说明

① ABB 的标准 I/O 板提供的常用信号处理有数字输入 di、数字输出 do、模拟输入 ai、模拟输出 ao 以及输送链跟踪。

② ABB 机器人可以选配标准 ABB 的 PLC，省去了原来与外部 PLC 进行通信设置的麻烦，并且在机器人示教器上就能实现与 PLC 相关的操作。

③ 在本任务内容中，将以 ABB 标准 I/O 板 DSQC652 为例，详细讲解如何进行相关的参数设定，其余标准板或现场总线的设定，请读者查阅相关资料。

（二） ABB 标准 I/O 板说明

现以 ABB 标准 I/O 板 DSQC652 为例介绍常用的 ABB 标准 I/O 板（具体规格参数以 ABB 官方最新公布为准，请查阅相关资料），见表 5-2。

表 5-2　常用 ABB 标准 I/O 板

序号	型　号	说　明
1	DSQC 651	分布式 I/O 模块 di8/do8
2	DSQC 652	分布式 I/O 模块 di16/do16
3	DSQC 653	分布式 I/O 模块 di8/do8 带继电器
4	DSQC 355A	分布式 I/O 模块 ai4/ao4
5	DSQC 377A	输送链跟踪单元

1. ABB 标准 I/O 板 DSQC652

DSQC652 板主要提供 16 个数字输入信号和 16 个数字输出信号的处理。

（1）模块接口说明（见表 5-3）

表 5-3　DSQC652 模块接口说明

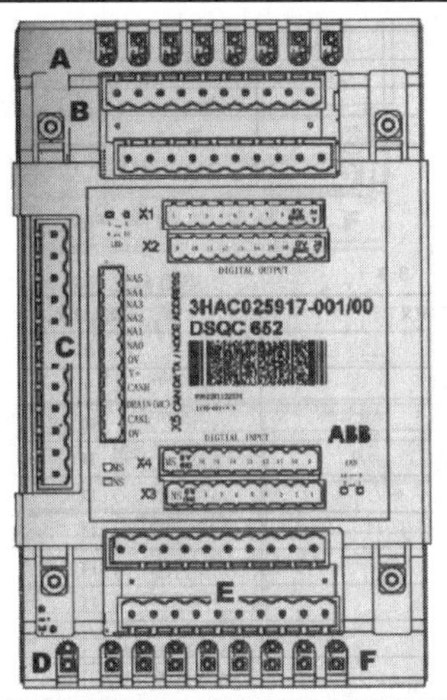

标号	说　　明
A	数字输出信号指示灯
B	X1、X2 数字输出接口
C	X5 是 DeviceNet 接口
D	模块状态指示灯
E	X3、X4 数字输入接口
F	数字输入信号指示灯

（2）模块接口连接说明（见表 5-4～表 5-6）

表 5-4　X1、X2 端子连接说明

X1 端子			X2 端子		
X1 端子编号	使用定义	地址分配	X2 端子编号	使用定义	地址分配
1	OUTPUT CH1	0	1	OUTPUT CH9	8
2	OUTPUT CH2	1	2	OUTPUT CH10	9
3	OUTPUT CH3	2	3	OUTPUT CH11	10
4	OUTPUT CH4	3	4	OUTPUT CH12	11
5	OUTPUT CH5	4	5	OUTPUT CH13	12
6	OUTPUT CH6	5	6	OUTPUT CH14	13
7	OUTPUT CH7	6	7	OUTPUT CH15	14
8	OUTPUT CH8	7	8	OUTPUT CH16	15
9	0V		9	0V	
10	24V		10	24V	

表 5-5　X3、X4 端子连接说明

X3 端子			X4 端子		
X3 端子编号	使用定义	地址分配	X4 端子编号	使用定义	地址分配
1	INPUT CH1	0	1	INPUT CH9	8
2	INPUT CH2	1	2	INPUT CH10	9
3	INPUT CH3	2	3	INPUT CH11	10
4	INPUT CH4	3	4	INPUT CH12	11
5	INPUT CH5	4	5	INPUT CH13	12
6	INPUT CH6	5	6	INPUT CH14	13
7	INPUT CH7	6	7	INPUT CH15	14
8	INPUT CH8	7	8	INPUT CH16	15
9	0V		9	0V	
10	未使用		10	24V	

表 5-6　X5 端子连接说明

X5 端子编号	使用定义	备　注
1	0V BLACK	＊ABB 标准 I/O 板是挂在 DeviceNet 网络上的，所以要设定模块在网络中的地址。端子 X5 的 6～12 的跳线用来决定模块的地址，地址可用范围为 10～63 如上图，将第 8 脚和第 10 脚的跳线剪去，2＋8＝10 就可以获得 10 的地址
2	CAN 信号线 low BLUE	
3	屏蔽线	
4	CAN 信号线 high WHITE	
5	24V RED	
6	GND 地址选择公共端	
7	模块 ID bit 0(LSB)	
8	模块 ID bit 1(LSB)	
9	模块 ID bit 2(LSB)	
10	模块 ID bit 3(LSB)	
11	模块 ID bit 4(LSB)	
12	模块 ID bit 5(LSB)	
注：BLACK 黑色，BLUE 蓝色，WHITE 白色，RED 红色		

注：DSQC651、DSQC653、DSQC355A、DSQC377A 的介绍见“知识拓展”。

2. 关于标准 I/O 板实际接线的说明

表 5-3 中的模块是 IRC5 控制器内的 I/O 模块，需要通过电缆与外部的接线端进行连接。用户不能直接将信号线接到表 5-3 所示的模块，只能接到外部接线端，图 5-2、图 5-3 揭示了内部模块与外部接线端之间的关系。

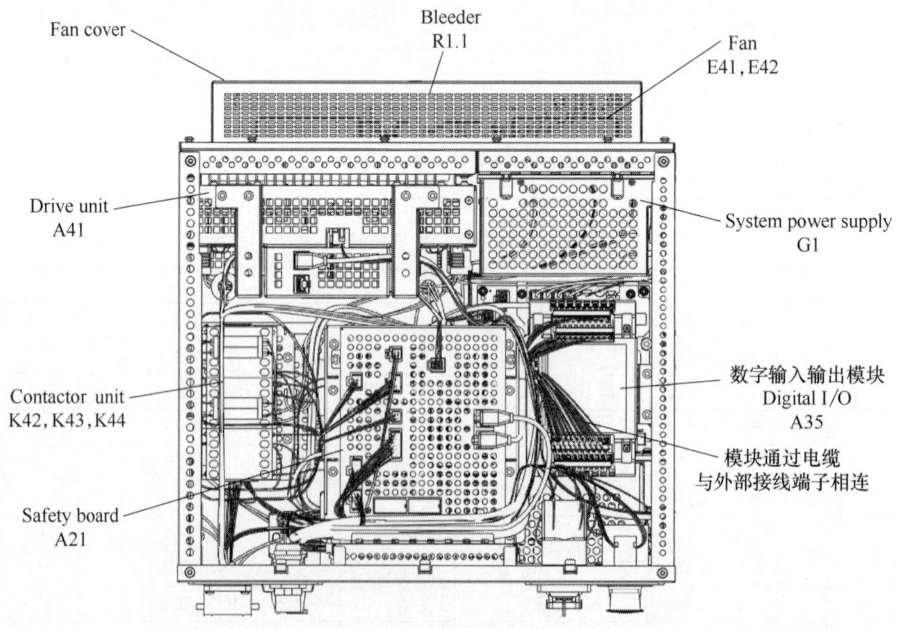

图 5-2　控制器内部布局图

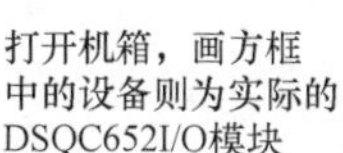

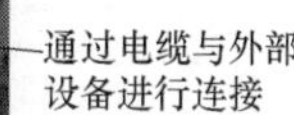

图 5-3　内部模块与外部连接示意图

（三） ABB DSQC652 板配置

ABB 标准 I/O 板 DSQC652 是常用的模块，下面以创建数字输入信号 di、数字输出信号 do 为例做一个详细的讲解。

1. 定义 DSQC652 板的总线连接

ABB 标准 I/O 板都是下挂在 DeviceNet 现场总线下的设备，通过 X5 端口与 DeviceNet 现场总线进行通信，定义 DSQC652 板的总线连接的相关参数说明见表 5-7，特别要注意：没有全部设置完之前，暂不重启系统。

表 5-7　定义 DSQC652 板的总线连接

<table>
<tr><td>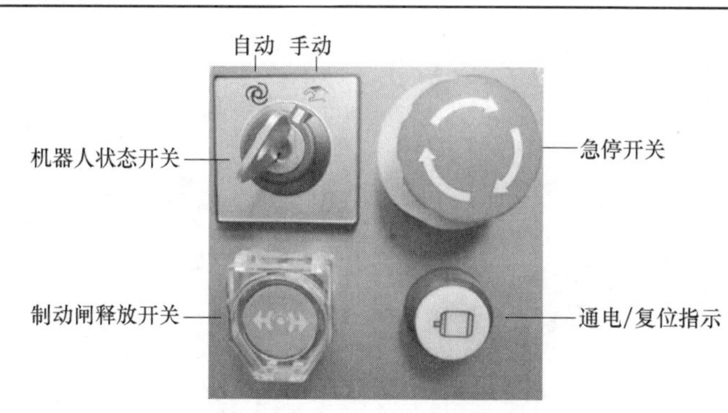
</td><td>①将机器人状态开关打到“手动”状态</td></tr>
</table>

续表

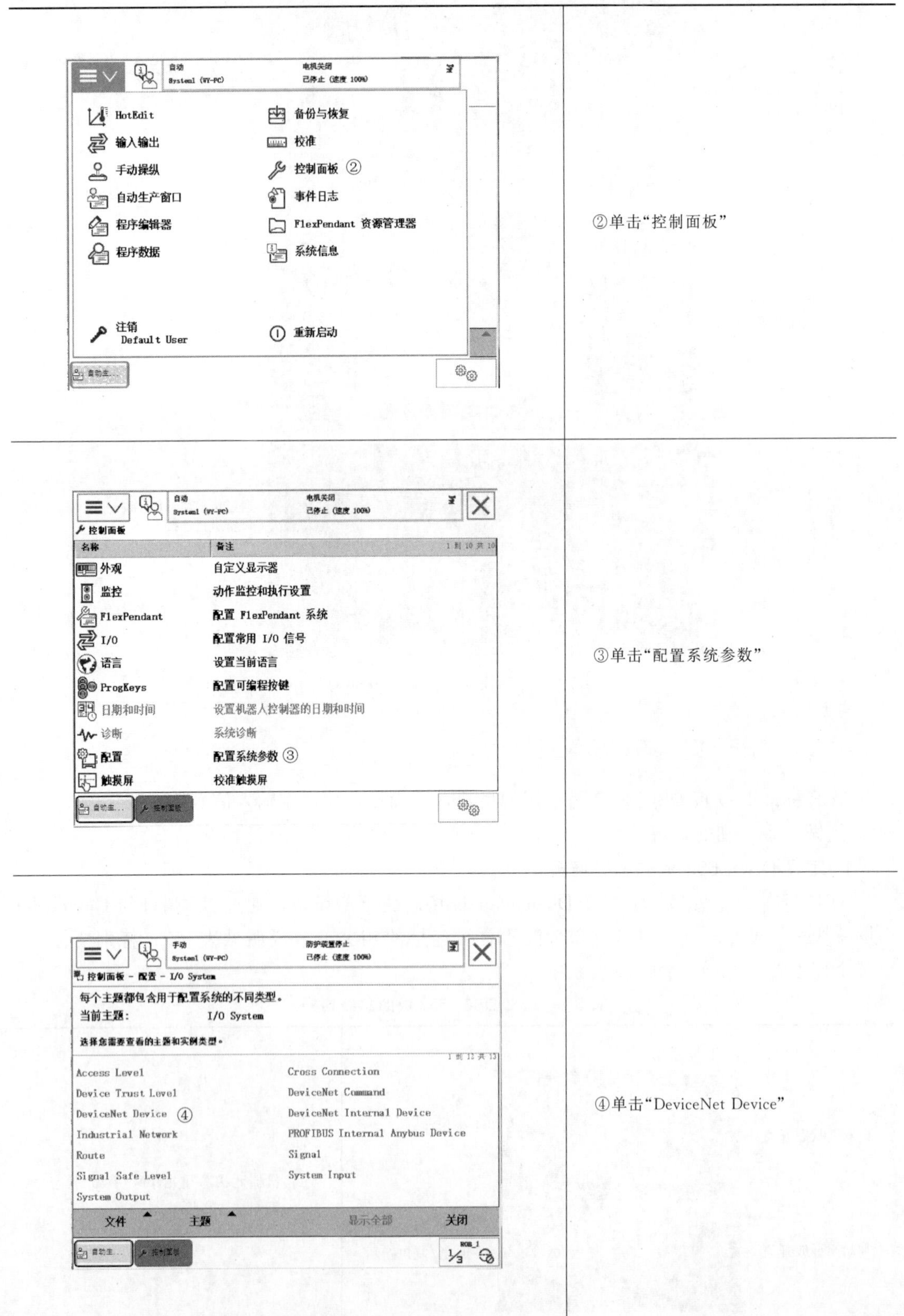

②单击“控制面板”

③单击“配置系统参数”

④单击“DeviceNet Device”

续表

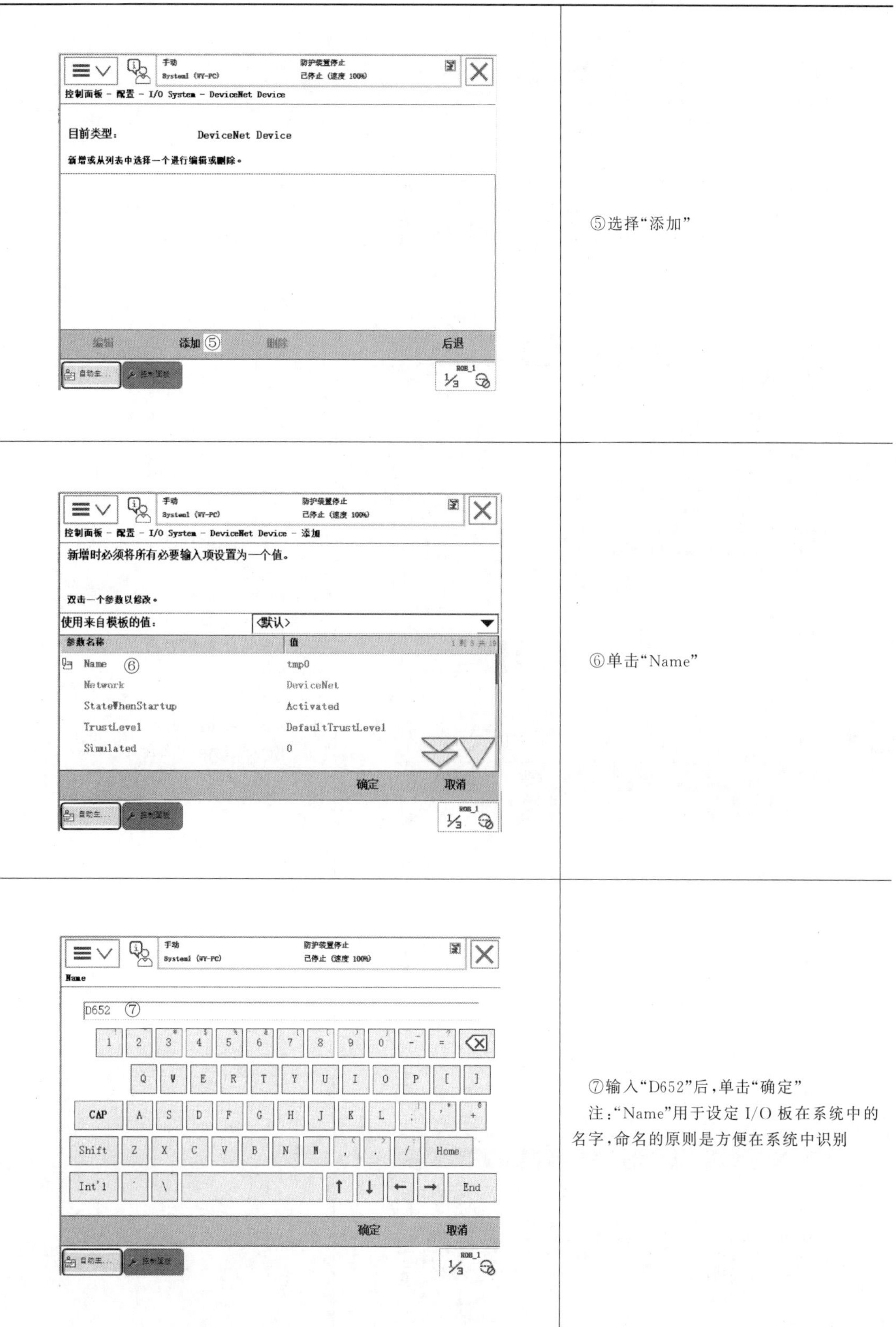

	⑤选择“添加”
	⑥单击“Name”
	⑦输入“D652”后，单击“确定” 注：“Name”用于设定 I/O 板在系统中的名字，命名的原则是方便在系统中识别

续表

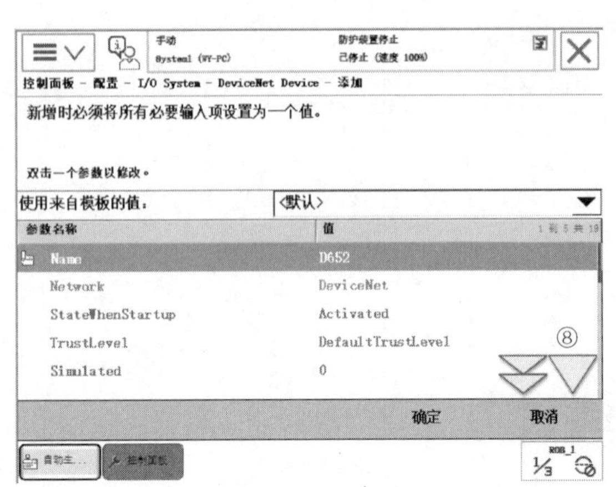

⑧单击"▽"，找到"Address""Product Code""Device Type"选项

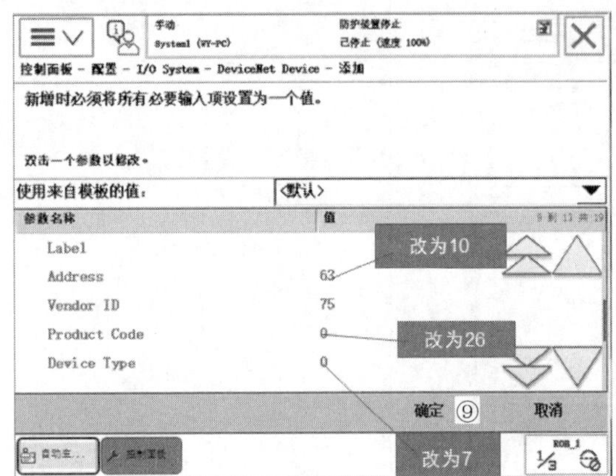

⑨将参数按图修改后，单击"确定"

注：

a. Address 中文含义为"地址"，此参数的确定请参考"DSQC652 X5 端子说明"，如跳线选择地址为"63"，则无需修改，要视实际情况而定

b. Product Code 中文含义为"产品代码"，可视实际情况而定

c. Device Type 中文含义为"Device 总线类型"

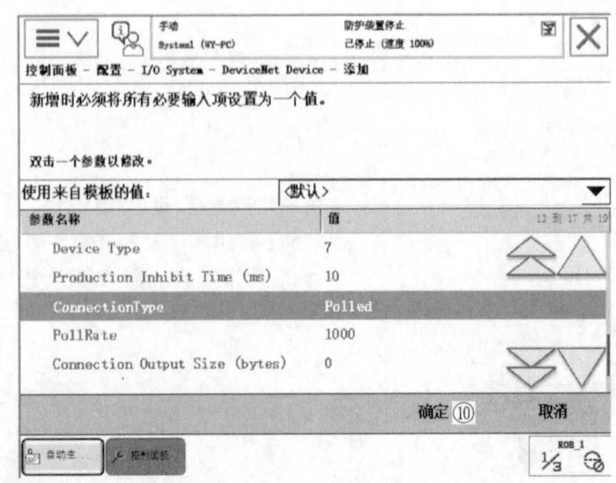

⑩将光标移到"ConnectionType"，单击"确定"

注："ConnectionType"中文含义为"连接类型"

续表

<table>
<tr>
<td>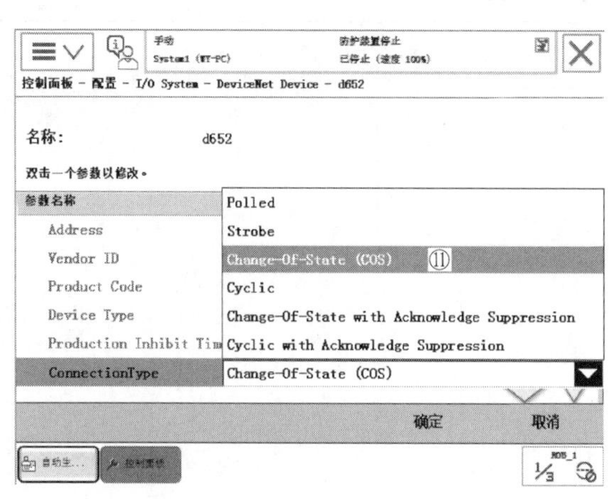
</td>
<td>⑪选择“Change-Of-State(COS)”选项，并单击</td>
</tr>
<tr>
<td>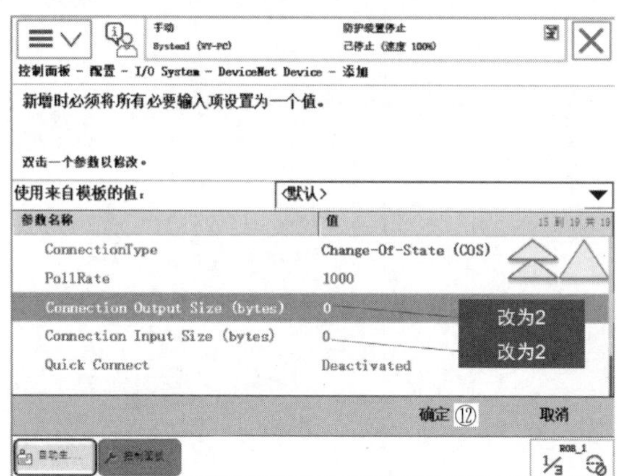
</td>
<td>⑫将“Connection Output Size(bytes)”改为 2；将“Connection Input Size(bytes)”改为 2；然后点击“确定”</td>
</tr>
<tr>
<td>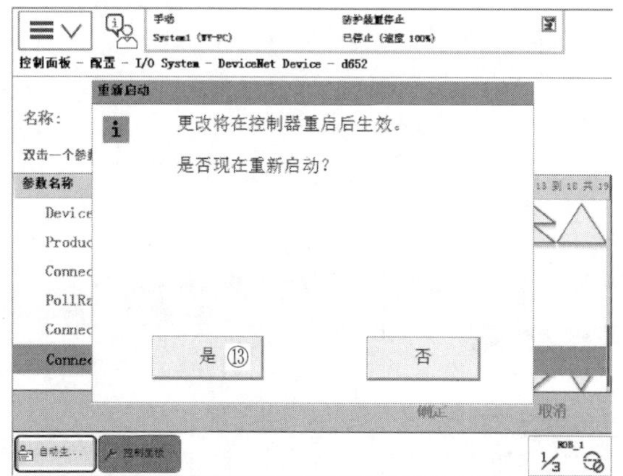
</td>
<td>⑬单击“是”，然后单击“确定”，重启</td>
</tr>
</table>

2. 定义输入输出信号（见表 5-8）

表 5-8　定义输入输出信号

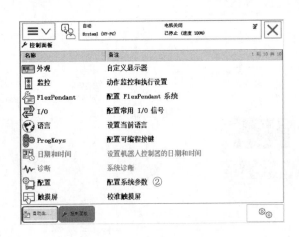

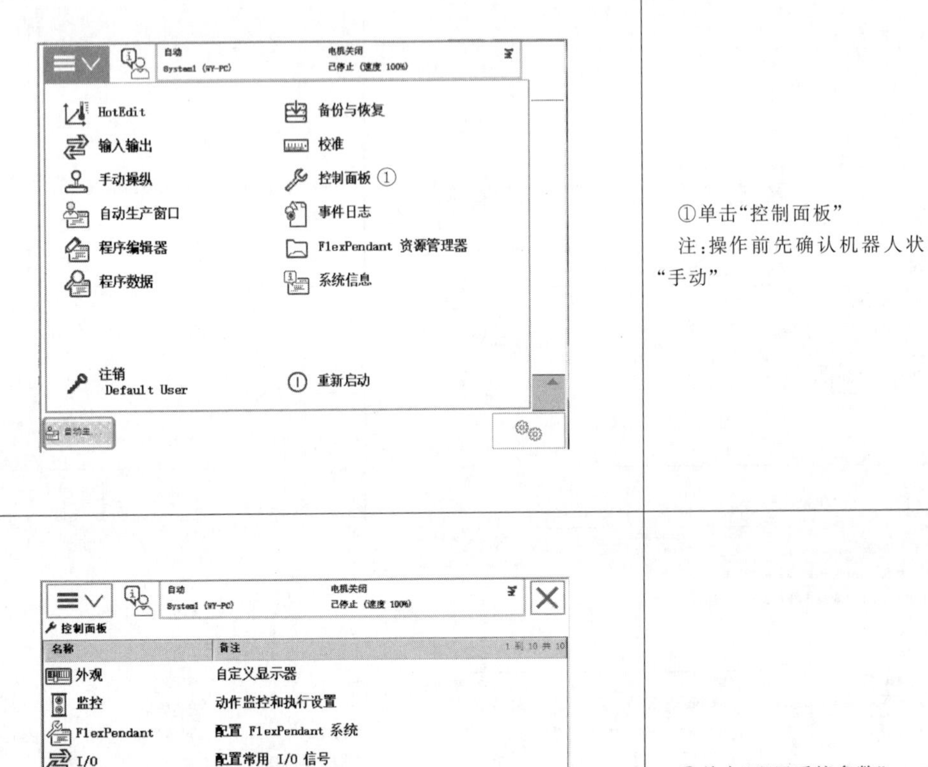	①单击“控制面板” 注：操作前先确认机器人状态开关打至“手动”
	②单击“配置系统参数”
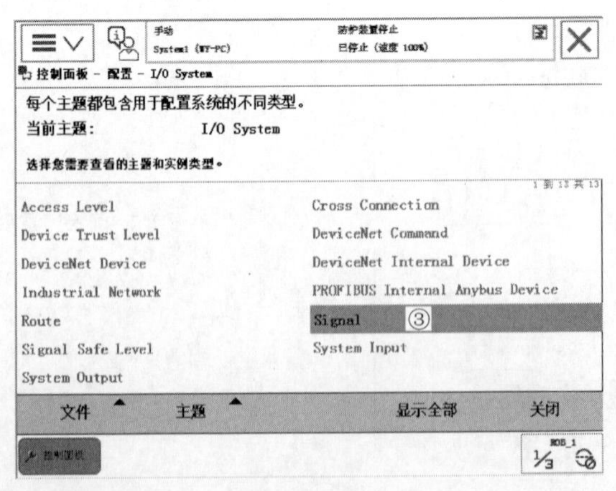	③单击“Signal” 注：Signal 中文含义为“信号”

续表

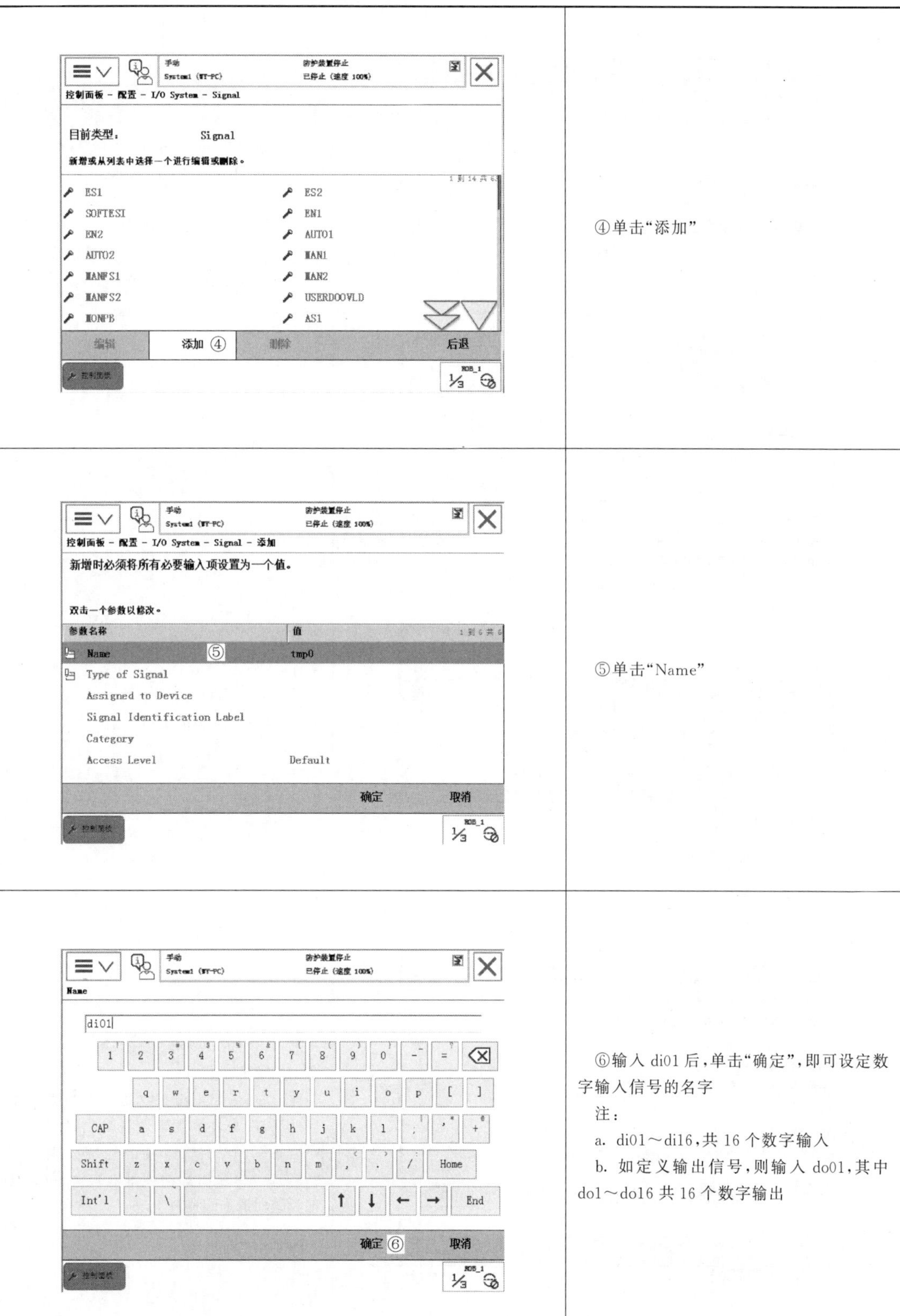

④单击“添加”

⑤单击“Name”

⑥输入 di01 后，单击“确定”，即可设定数字输入信号的名字

注：

a. di01～di16，共 16 个数字输入

b. 如定义输出信号，则输入 do01，其中 do1～do16 共 16 个数字输出

续表

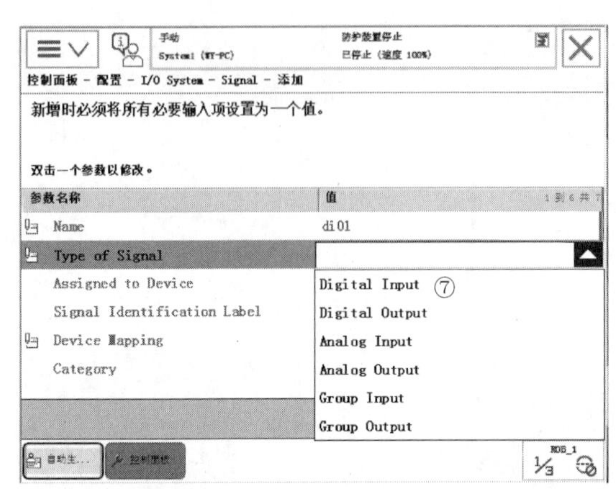	⑦单击“Type of Signal”，选择“Digital Input”，即可设定信号的类型 注： a. Type of Signal 中文含义为信号种类 b. Digital Input 中文含义为数字输入 c. 如定义输出信号，则选择“Digital Output”
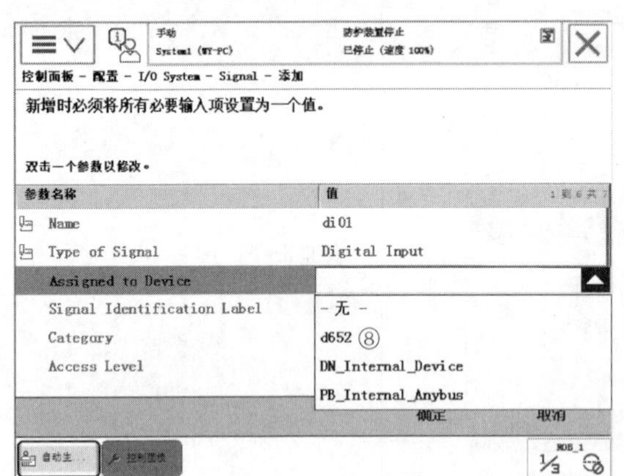	⑧单击“Assigned to Device”，选择“d652” 注：Assigned to Device 中文含义为设定信号所在的 I/O 模块，即将 di01 输入点分配到 DSQC652 标准 I/O 板上
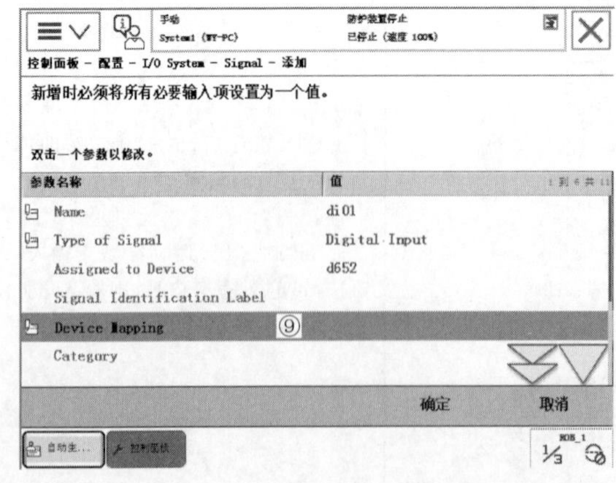	⑨单击“Device Mapping”，用于设定信号所占用地址 注：Device Mapping 中文含义为设备映射地址，用来表示逻辑设备与物理设备的对应关系，16 个输入端的地址分别对应 0～15，16 个输出端的地址对应 0～15，其他类型的请查阅资料

续表

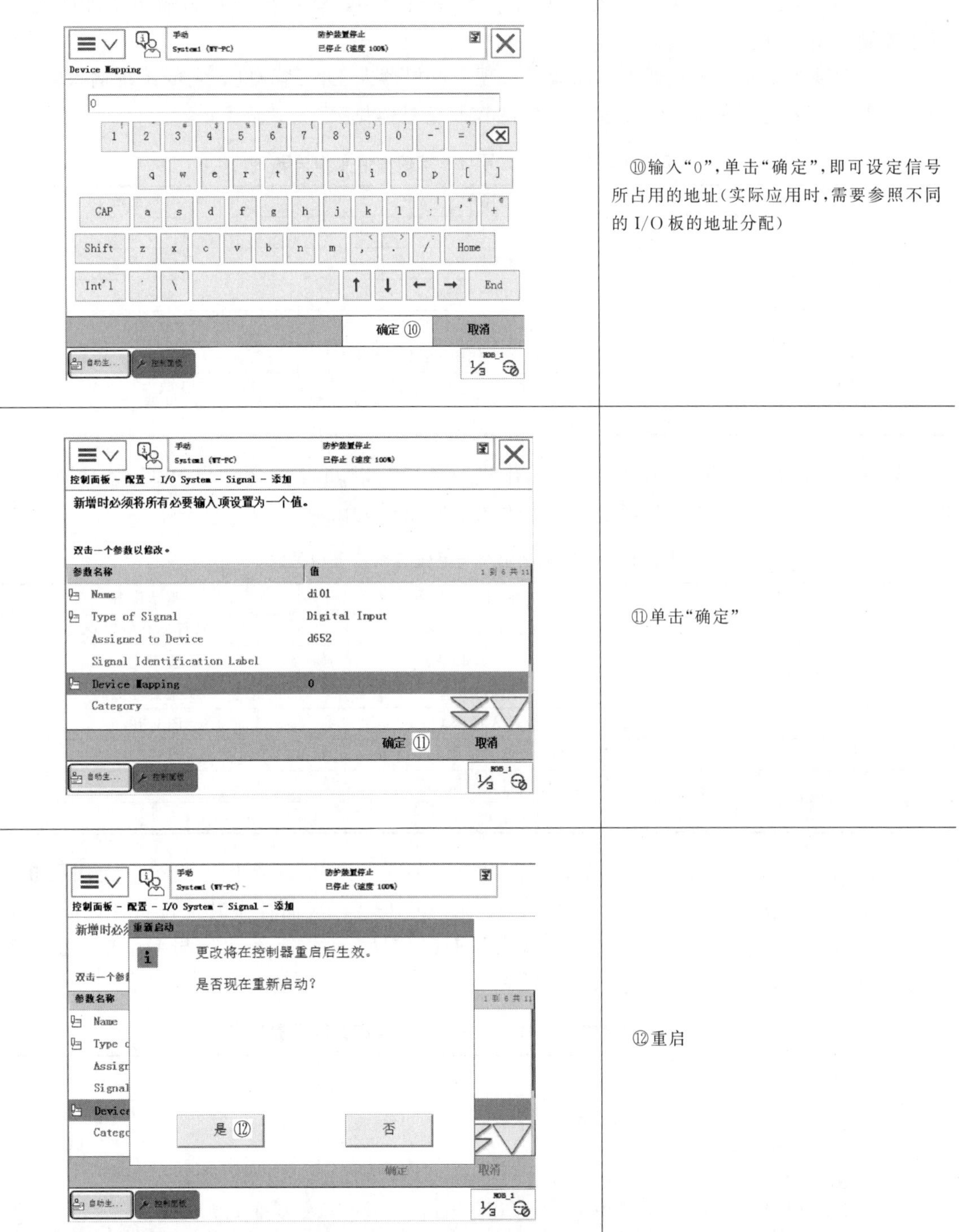

⑩输入“0”，单击“确定”，即可设定信号所占用的地址（实际应用时，需要参照不同的I/O板的地址分配）

⑪单击“确定”

⑫重启

注：1. 如需定义其他输入、输出信号，则按照本表的步骤逐个设置。
2. 定义组输入、输出信号，定义模拟信号的操作，请查阅有关资料。

3. 系统输入输出与I/O信号的关联

在工作中需经常将系统的输入输出与I/O信号进行关联，其目的如下。

① 将数字输入信号与系统的控制信号关联起来，就可以对系统进行控制（例如电动机

开启、程序启动等)。

② 系统的状态信号也可以与数字输出信号关联起来，将系统的状态输出给外围设备，以作控制之用。

上述两项主要应用于机器人自动运行，现以某机器人工作站为例，它的系统输入输出信号需与I/O信号进行关联，以便实现相应的控制，具体见表5-9、表5-10。

表5-9 数字输入信号与系统控制信号相关联

机器人数字输入端	功能描述	信号来源
di01	夹具座信号1	传感器1
di02	夹具座信号2	传感器2
di03	夹具座信号3	传感器3
di04	Motor On 机器人伺服 On	PLC Q0.0
di05	Motor On and Start 机器人伺服 On 程序 RUN	PLC Q0.1
di06	Start at Mian 机器人从主程序 RUN	PLC Q0.2
…	…	…

表5-9中，di04～di06与系统输入输出进行关联，以di04为例：当PLC Q0.0为“1”时，di04为“1”，机器人伺服接通(相当于按下使能开关)。

表5-10 数字输出信号与系统控制信号相关联

机器人数字输出端	功能描述	驱动设备
do01	平行夹具电磁阀	平行夹具电磁阀
do02	吸盘A电磁阀	吸盘A电磁阀
do03	吸盘B电磁阀	吸盘B电磁阀
do04	Auto On 机器人伺服 On	PLC I0.0
do05	Motor On 机器人伺服 On	PLC I0.1
do06	Motor Off 机器人伺服 Off	PLC I0.2
…	…	…

表5-10中，do04～do06与系统输入输出进行关联，以do06为例：当机器人伺服断开(相当于断开使能开关)，则do06为“1”，接通PLC I0.2，从而控制其他设备。现以di04、do06的设置为例，说明如何将系统输入输出与I/O信号关联，系统输入与I/O信号的关联见表5-11，系统输出与I/O信号的关联见表5-12。

表5-11 数字输入信号与系统控制信号相关联设置步骤

自动 System1 (WY-PC) 电机关闭 已停止 (速度 100%) HotEdit 备份与恢复 输入输出 校准 手动操纵 控制面板 ① 自动生产窗口 事件日志 程序编辑器 FlexPendant 资源管理器 程序数据 系统信息 注销 Default User 重新启动	①单击“控制面板” 注：操作前先确认机器人状态开关打至“手动”

续表

②单击“配置系统参数”

③单击“System Input”

④单击“添加”

续表

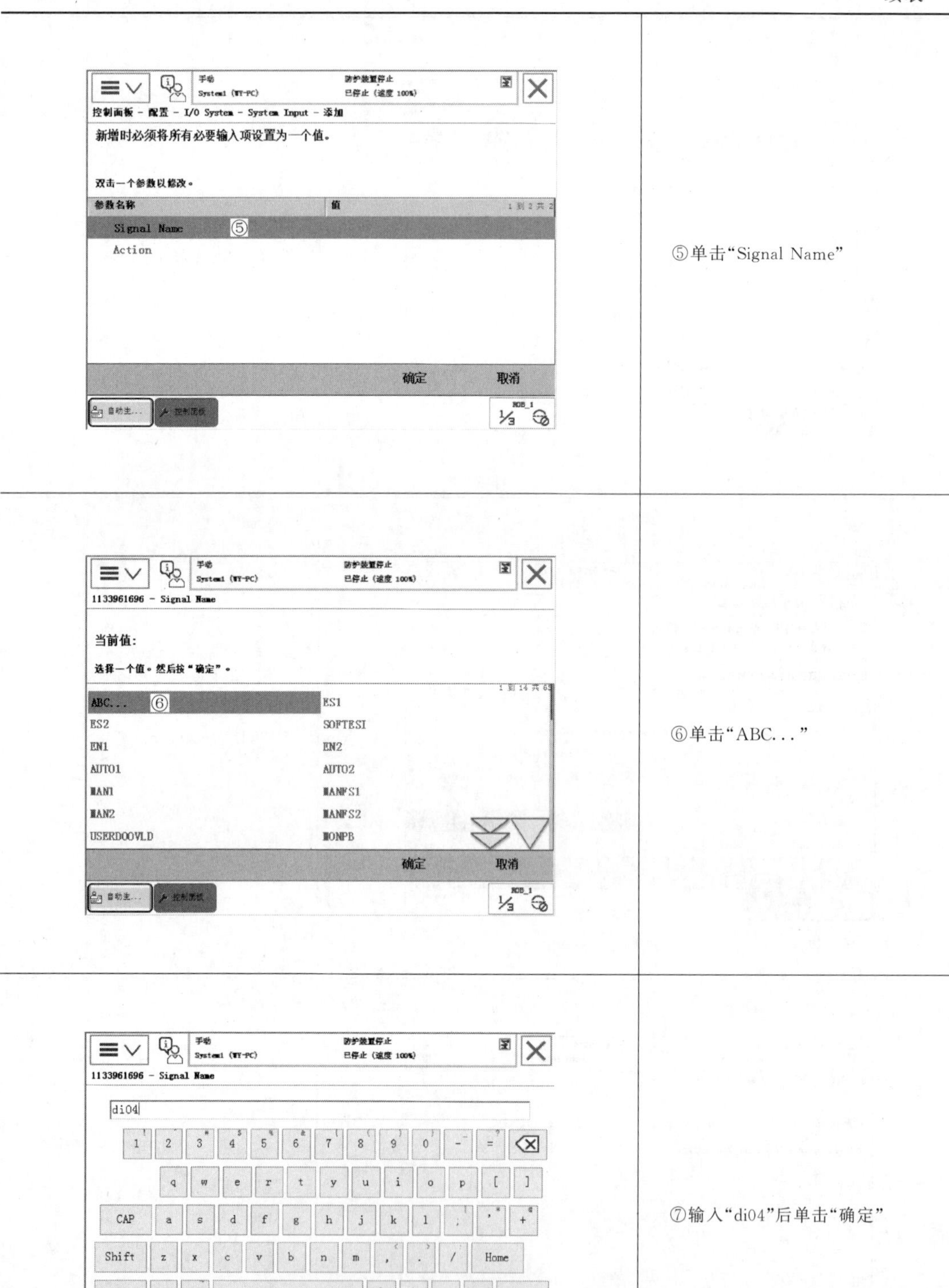

⑤单击“Signal Name”

⑥单击“ABC...”

⑦输入“di04”后单击“确定”

续表

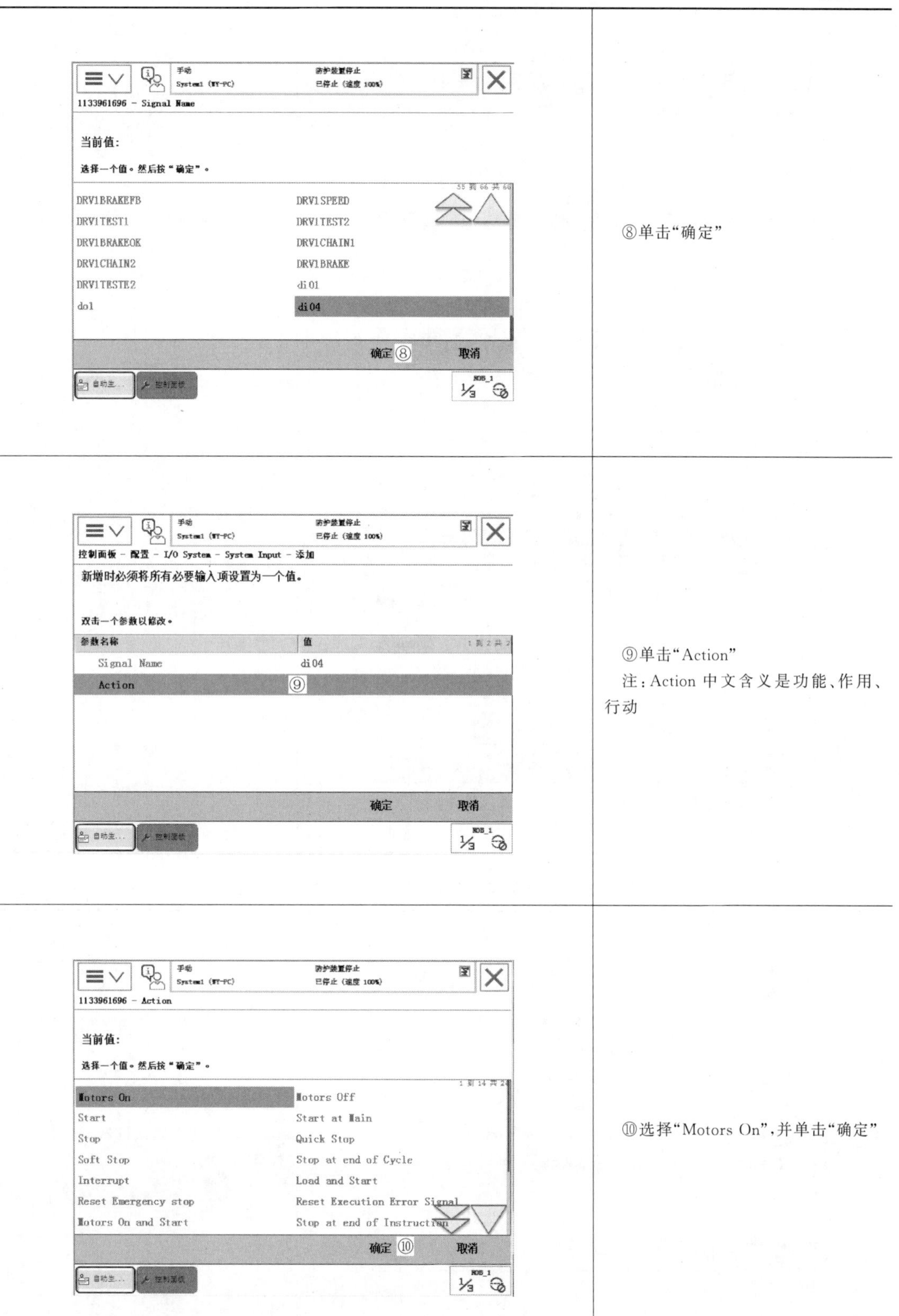

	⑧单击“确定”
	⑨单击“Action” 注：Action 中文含义是功能、作用、行动
	⑩选择“Motors On”，并单击“确定”

续表

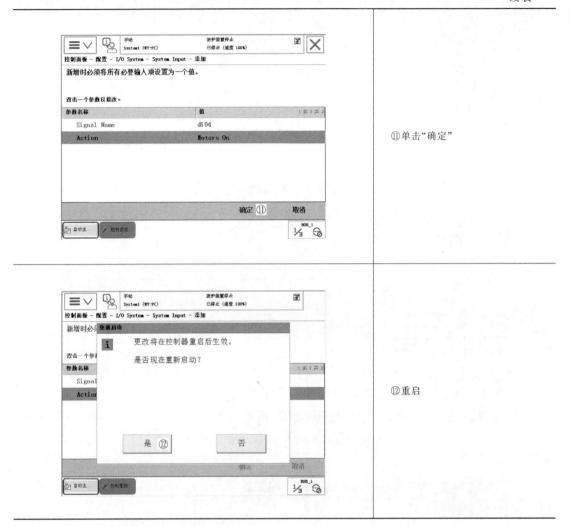

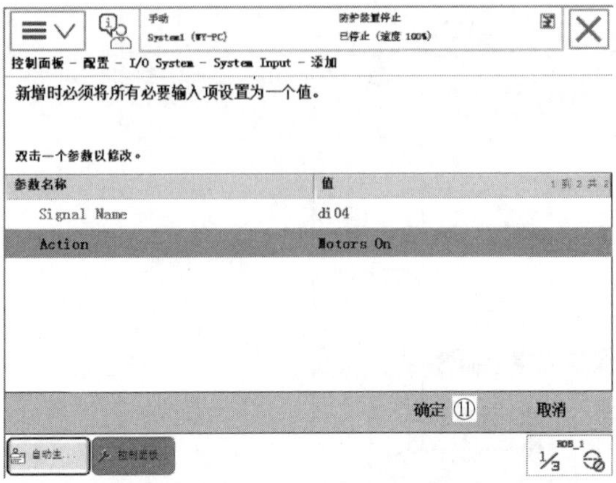

⑪单击“确定”

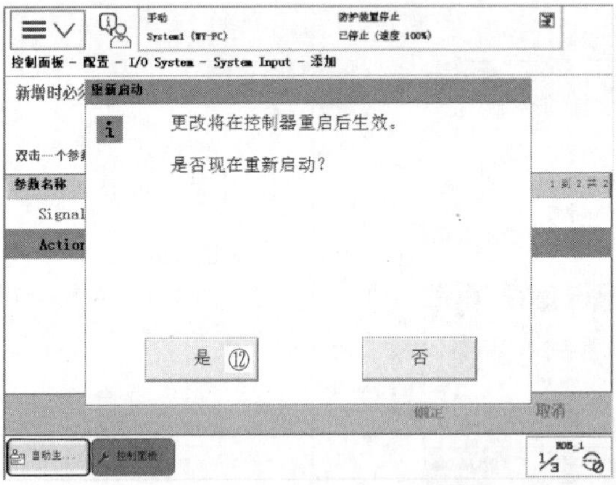

⑫重启

表 5-12　数字输出信号与系统控制信号相关联设置步骤

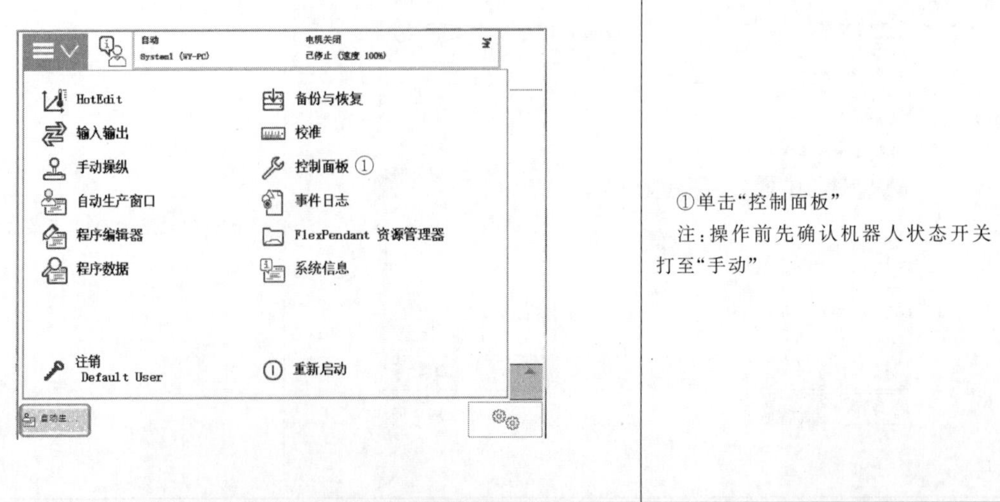

①单击“控制面板”

注：操作前先确认机器人状态开关打至“手动”

续表

控制面板
名称 备注
外观 自定义显示器
监控 动作监控和执行设置
FlexPendant 配置 FlexPendant 系统
I/O 配置常用 I/O 信号
语言 设置当前语言
ProgKeys 配置可编程按键
日期和时间 设置机器人控制器的日期和时间
诊断 系统诊断
配置 配置系统参数 ②
触摸屏 校准触摸屏
②单击“配置系统参数”
控制面板 - 配置 - I/O System
每个主题都包含用于配置系统的不同类型。
当前主题： I/O System
选择您需要查看的主题和实例类型。
Access Level
Cross Connection
Device Trust Level
DeviceNet Command
DeviceNet Device
DeviceNet Internal Device
Industrial Network
PROFIBUS Internal Anybus Device
Route
Signal
Signal Safe Level
System Input
System Output ③
文件 主题 显示全部 关闭
③单击“System Output”
控制面板 - 配置 - I/O System - System Output
目前类型： System Output
新增或从列表中选择一个进行编辑或删除。
MOTLMP_MotorOn
编辑 添加 ④ 删除 后退
④单击“添加”

续表

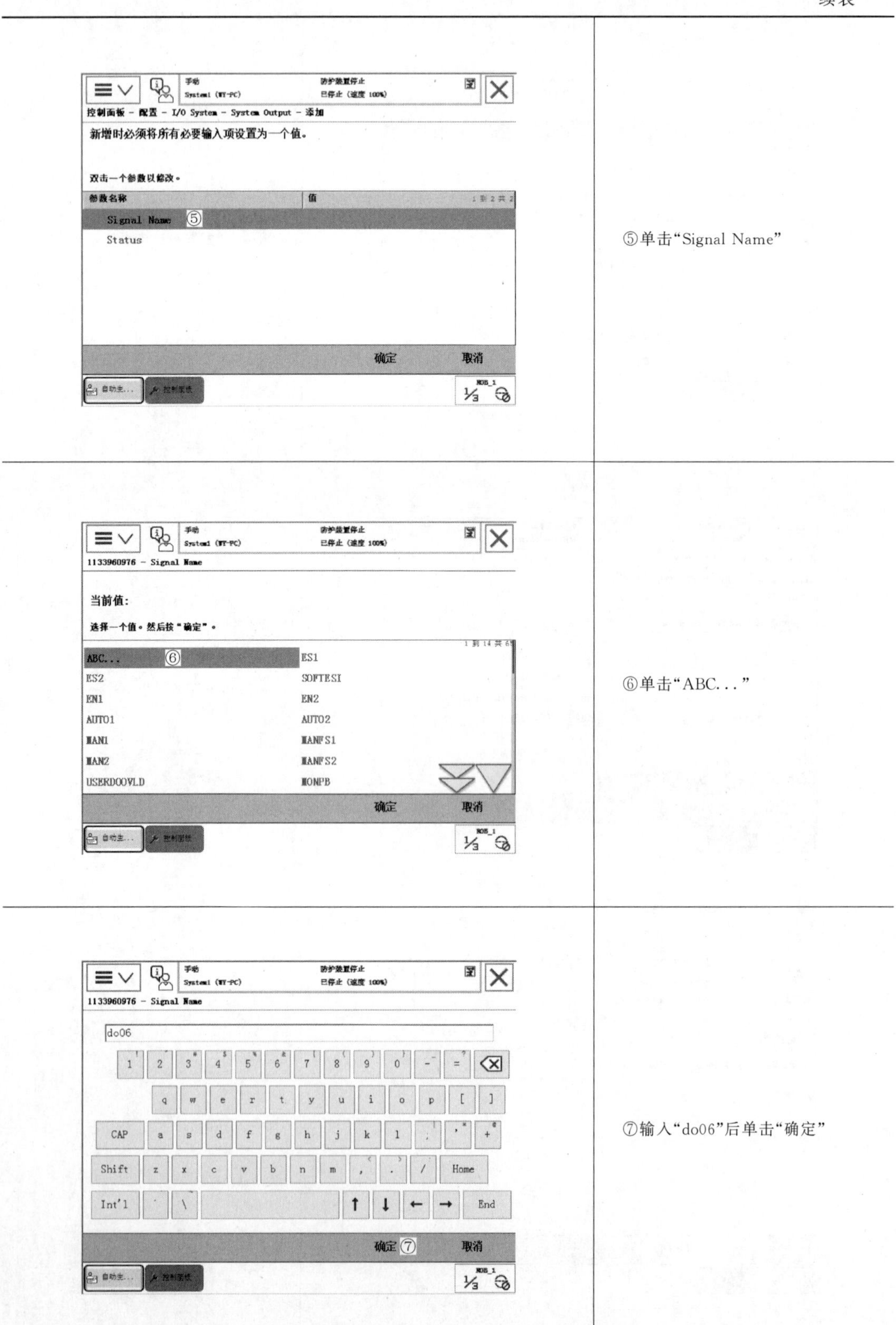
控制面板 - 配置 - I/O System - System Output - 添加
新增时必须将所有必要输入项设置为一个值。
双击一个参数以修改。
参数名称
值
Signal Name ⑤
Status
确定
取消
⑤单击“Signal Name”
1133960976 - Signal Name
当前值:
选择一个值。然后按“确定”。
ABC... ⑥
ES1
ES2
SOFTESI
EN1
EN2
AUTO1
AUTO2
MAN1
MANFS1
MAN2
MANFS2
USERDOOVLD
MONPB
确定
取消
⑥单击“ABC...”
1133960976 - Signal Name
do06
确定 ⑦
取消
⑦输入“do06”后单击“确定”

续表

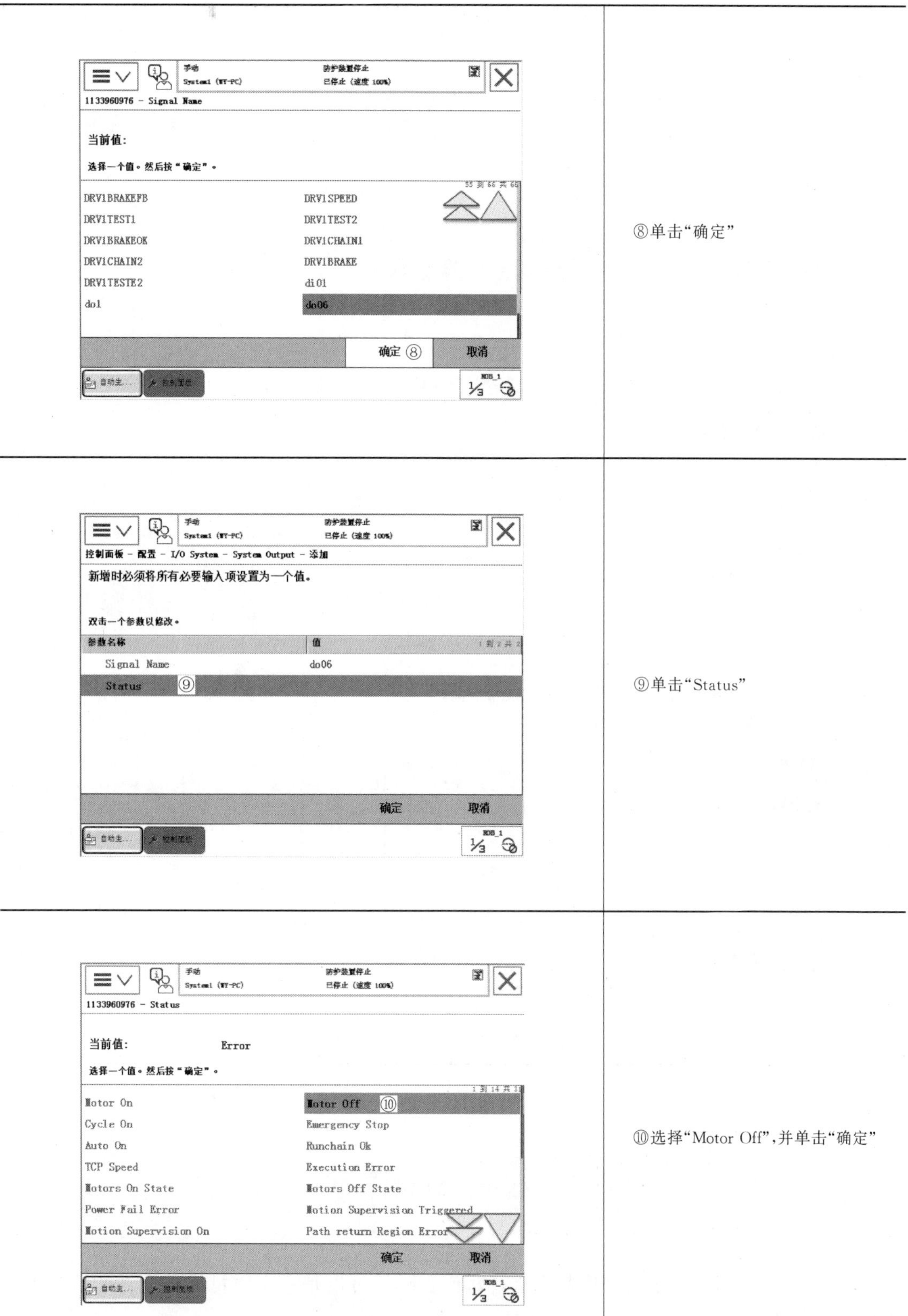

⑧单击“确定”

⑨单击“Status”

⑩选择“Motor Off”，并单击“确定”

续表

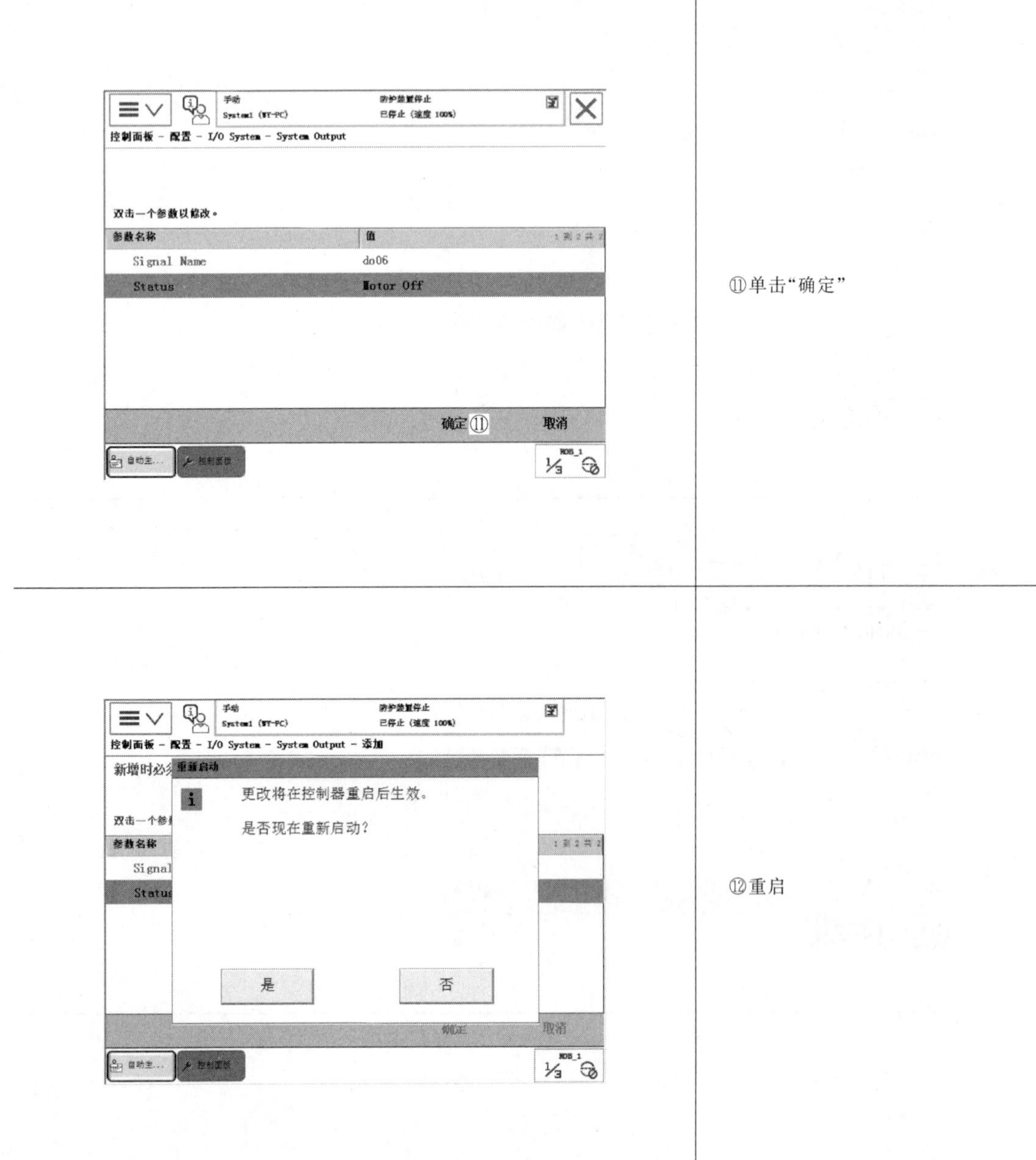

图示	说明
	⑪单击“确定”
	⑫重启

二、指令讲解

（一）赋值指令

“：＝”赋值指令用于对程序数据进行赋值。赋值可以是一个常量或数学表达式。现以添加一个常量赋值与数学表达式赋值说明此指令的使用。

① 常量赋值：reg1：＝5，见表 5-13。

表 5-13　赋值指令

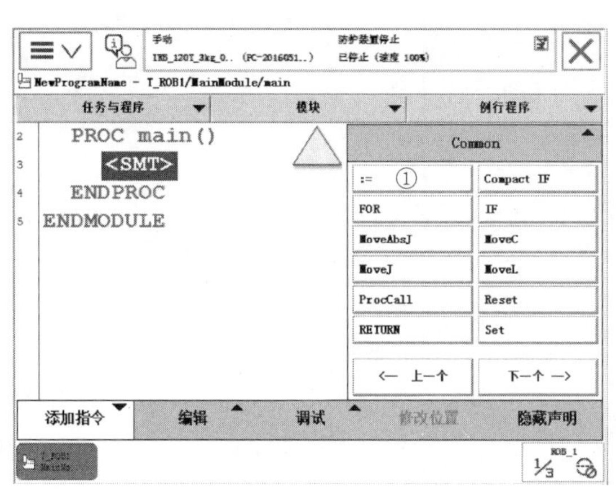	①在指令列表中选择“:=”
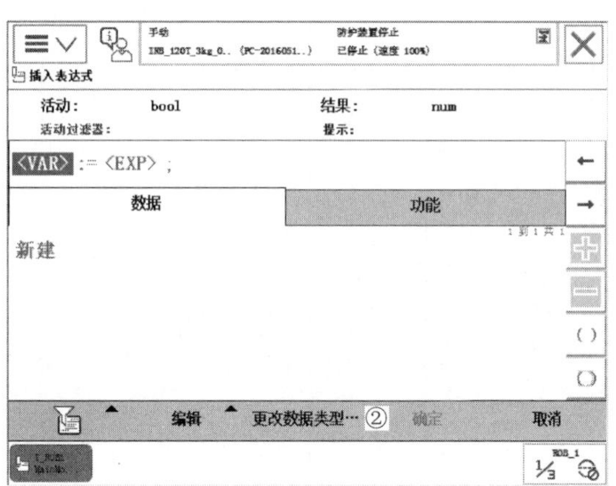	②单击“更改数据类型…”，选择 num 数字型数据
	③在列表中找到“num”并选中，然后单击“确定”

续表

	④选中“reg1”
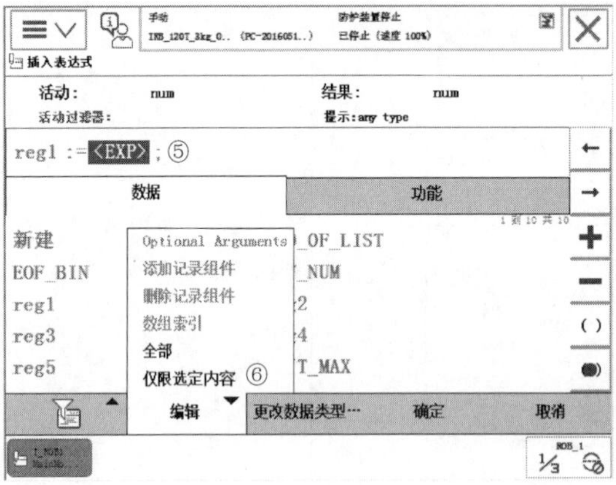 插入表达式 活动: num 结果: num 提示: any type reg1 := <EXP> ; ⑤ 数据 功能 新建 EOF_BIN reg1 reg3 reg5 Optional Arguments 添加记录组件 删除记录组件 数组索引 全部 仅限选定内容 ⑥ 编辑 更改数据类型… 确定 取消	⑤选中“＜EXP＞”并蓝色高亮显示 ⑥打开“编辑”菜单，选择“仅限选定内容”
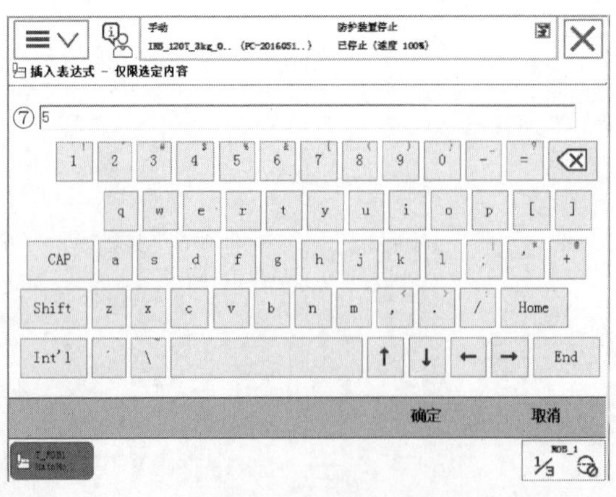	⑦通过软键盘输入数字“5”，然后单击“确定”

续表

	⑧单击“确定”
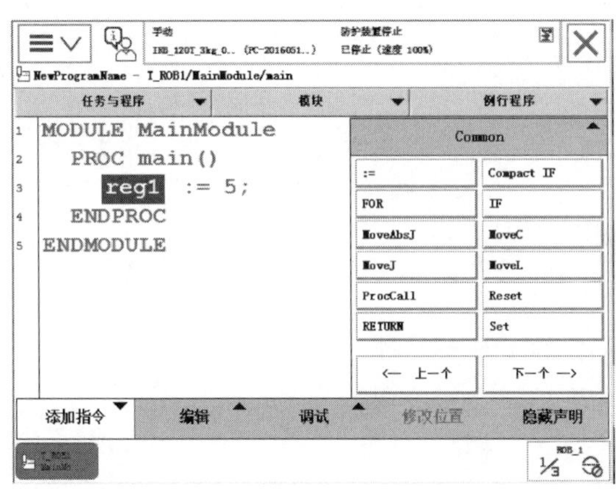	⑨即可看到所增加的指令

② 添加带数学表达式的赋值指令的操作，见表 5-14。

表 5-14 添加带数学表达式的赋值指令

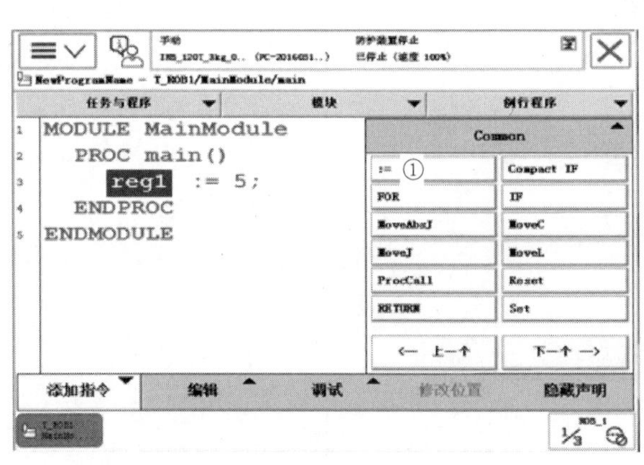	①在指令列表中选择“:=”

续表

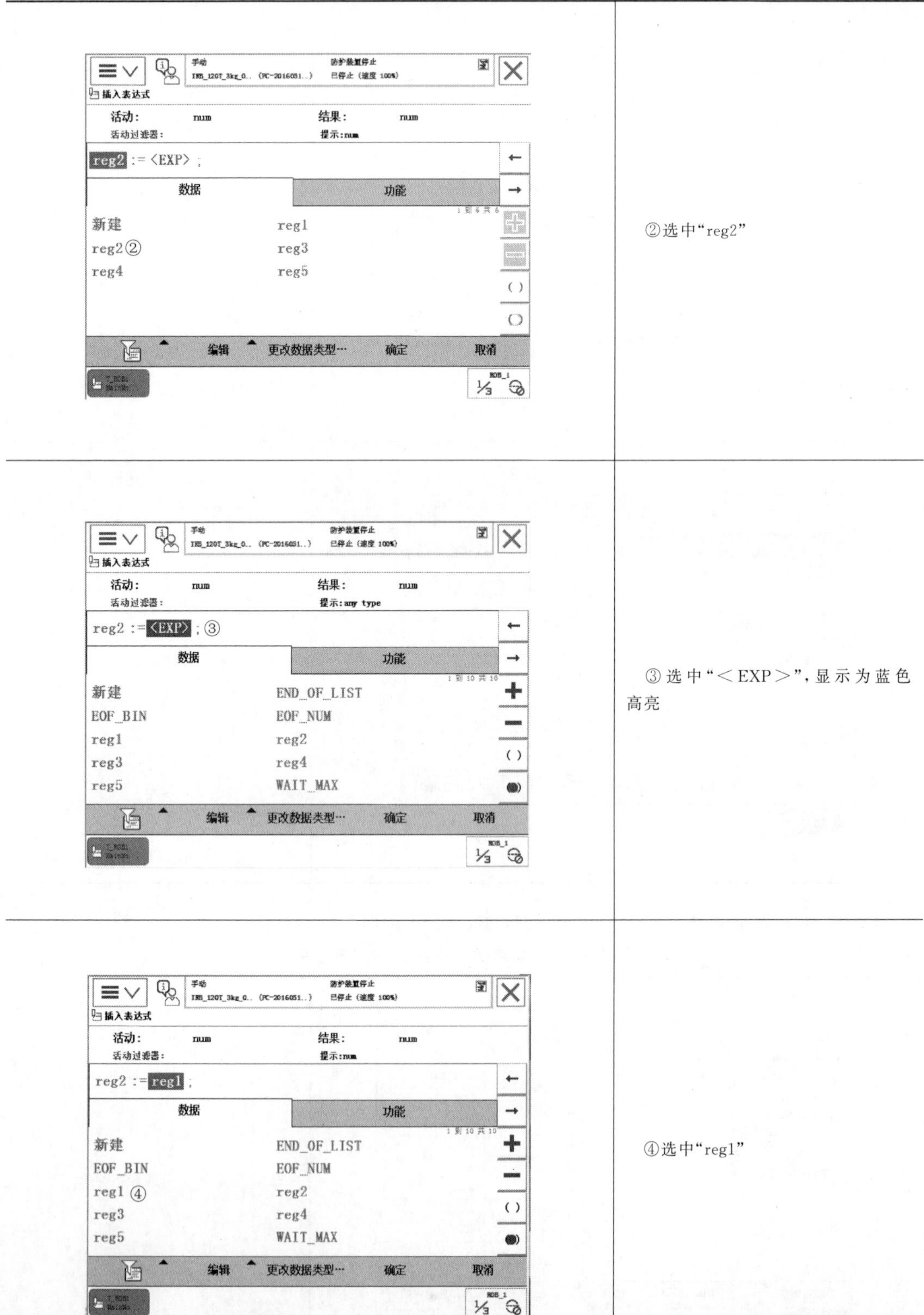

	②选中“reg2”
	③选中“＜EXP＞”，显示为蓝色高亮
	④选中“reg1”

续表

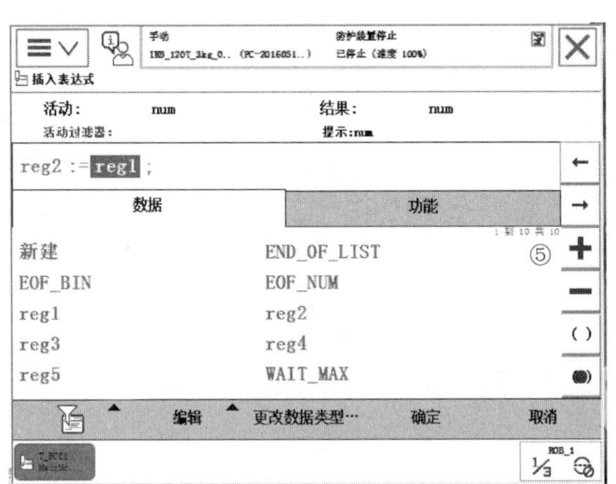

⑤单击“+”按钮

⑥选中“<EXP>”，显示为蓝色高亮

⑦打开“编辑”菜单，选择“仅限选定内容”，然后在弹出的软键盘画面中输入“4”，单击“确定”

⑧确认正确后，单击“确定”

续表

	⑨ 单击“下方”，添加指令成功
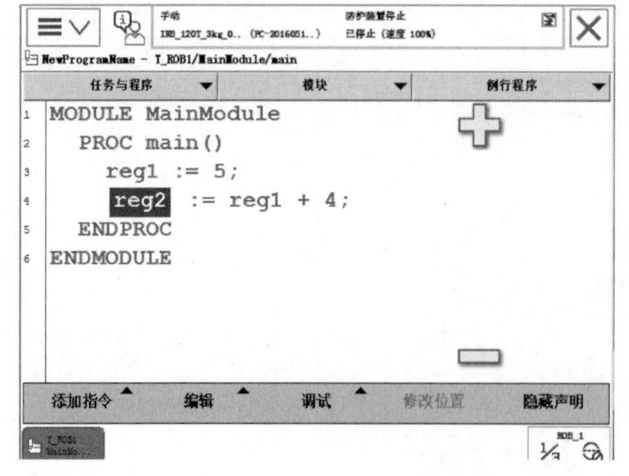	⑩ 单击“添加指令”，将指令列表收起来即可

（二） I/O控制指令

I/O控制指令用于控制I/O信号，以达到与机器人周边设备进行通信的目的，I/O控制指令的输入与其他指令的输入类似，在此不再介绍它的输入步骤，读者可参照其他指令的输入步骤将其输入。

1. Set数字信号置位指令

Set数字信号置位指令用于将数字输出（Digital Output）置位为“1”。

指令样例：

```
IF flag=TRUE THEN
Set do1
```

指令解释：

如果flag=TRUE，则将do1置位（接通）。见表5-15。

表5-15 Set指令参数含义

参数	含义
do1	数字输出信号

2. Reset 数字信号复位指令

Reset 数字信号复位指令用于将数字输出（Digital Output）复位为“0”。

指令样例：

IF flag=FLASE THEN

Reset do1

指令解释：

如果 flag=FLASE，则将 do1 复位（断开）。

注：如果在 Set、Reset 指令前有运动指令 MoveJ、MoveL、MoveC、MoveAbsJ 的转弯区数据，必须使用 fine 才可以准确地输出 I/O 信号状态的变化。

3. WaitDI 数字输入信号判断指令

WaitDI 数字输入信号判断指令用于判断数字输入信号的值是否与目标一致。

指令样例：

WaitDI di1，1

MoveL p40，v200，fine

Set　Do1

指令解释：

程序执行此指令时，等待 di1 的值为 1。如果 di1 为 1，则程序继续往下执行；如果到达最大等待时间 300s（此时间可根据实际进行设定）以后，di1 的值还不为 1，则机器人报警或进入出错处理程序。见表 5-16。

表 5-16　WaitDI 指令参数含义

参数	含　义
di1	数字输入信号
1	判断的目标值（根据实际情况确定）

4. WaitDO 数字输出信号判断指令

WaitDO 数字输出信号判断指令用于判断数字输出信号的值是否与目标一致。

WaitDO do1，1

参数以及解释同 WaitDI 指令。

I/O 控制指令的输入较为简单，读者可以自行输入。

5. 等待指令

（1）WaitTime 时间等待指令

WaitTime 时间等待指令，用于程序在等待一个指定的时间以后，再继续向下执行。

指令样例：

WaitTime 4

Reset do1

指令解释：

等待 4s 以后，程序向下执行 Reset do1 指令。

（2）WaitUntil 信号判断指令

WaitUntil 信号判断指令可用于布尔量、数字量和 I/O 信号值的判断，如果条件到达指令中的设定值，程序继续往下执行，否则就一直等待，除非设定了最大等待时间。

WaitUntil di1 = 1

（三）功能的使用

ABB机器人RAPID编程中的功能与指令类似，并且在执行完了以后可以返回一个数值，使用功能可以有效地提高编程和程序执行的效率，本书以功能“Offs”的使用为例，介绍功能的使用。

指令样例：

P20 ：= Offs（p10，100，300，+400）

指令解释：

功能“Offs”的作用是基于位置目标点p10在X轴方向偏移100mm，Y方向偏移300mm，Z方向偏移400mm。它主要是对机器人位置进行偏移。

功能“Offs”输入步骤见表5-17。

表5-17 功能“Offs”输入步骤

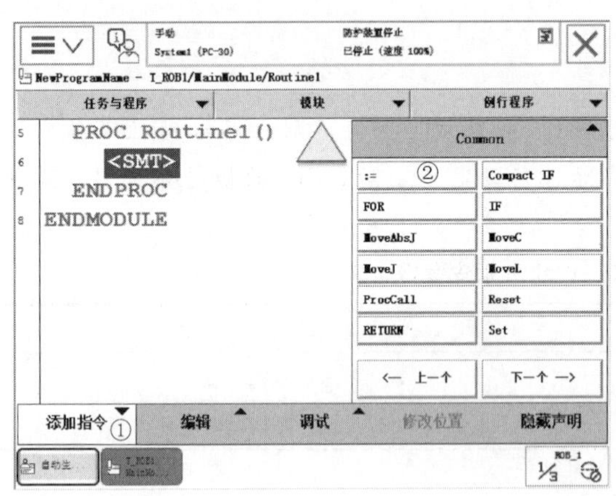	①单击“添加指令” ②选择“:=”赋值指令
	③选择“更改数据类型...”

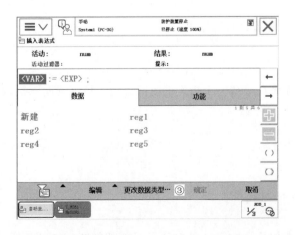

续表

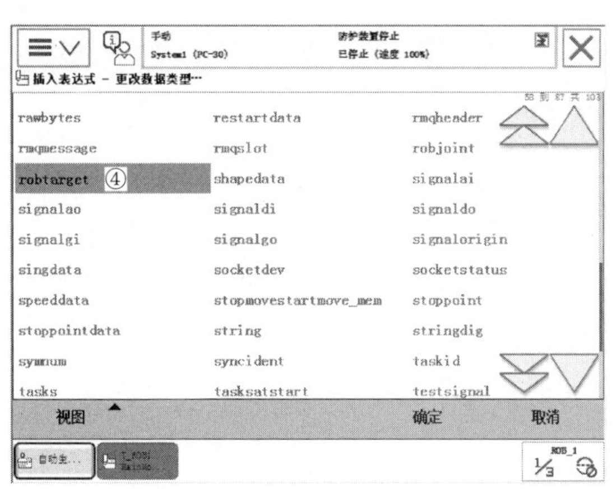	④选择“robtarget”数据类型，然后单击“确定”
手动 System1 (PC-30) 防护装置停止 已停止 (速度 100%) 插入表达式 活动：robtarget 结果：num 活动过滤器： 提示： <VAR> := <EXP> ; 数据 功能 新建 ⑤ 编辑 更改数据类型… 确定 取消 ROB_1 1/3	⑤单击“新建”
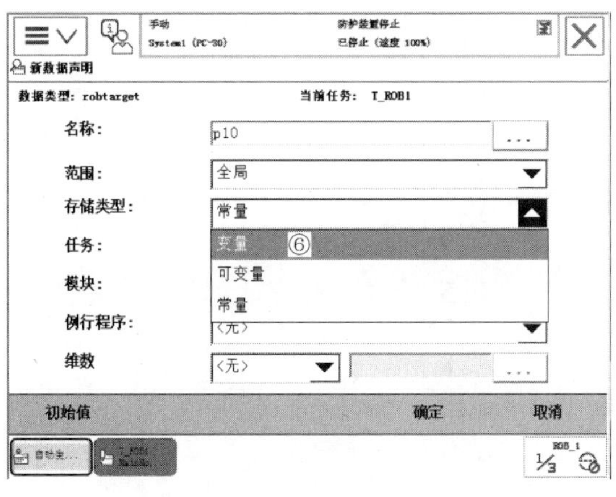	⑥选择存储类型—“变量” 注：在 RAPID 程序中，常量是不可以通过赋值指令进行赋值的，所以要根据情况选择存储类型为“变量”或“可变量”

续表

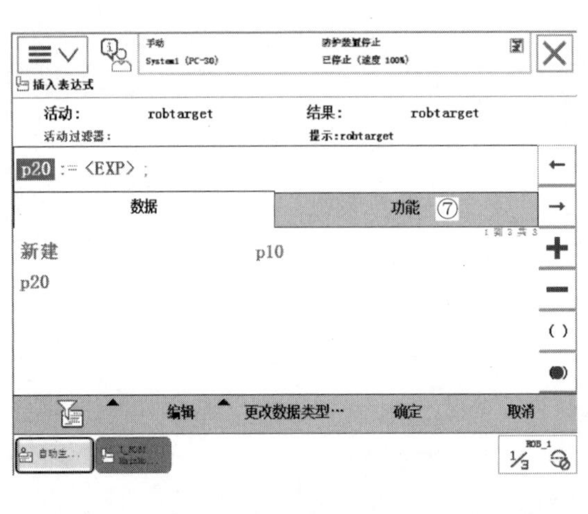

⑦ 单击“功能”标签
注:用步骤③～⑥确定 p20

⑧将光标移到<EXP>
⑨选择功能“Offs()”

⑩选择“p10”

续表

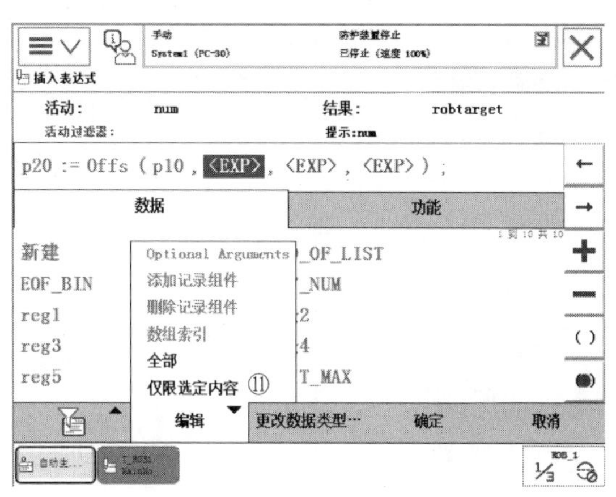	⑪打开编辑菜单，单击“仅限选定内容”
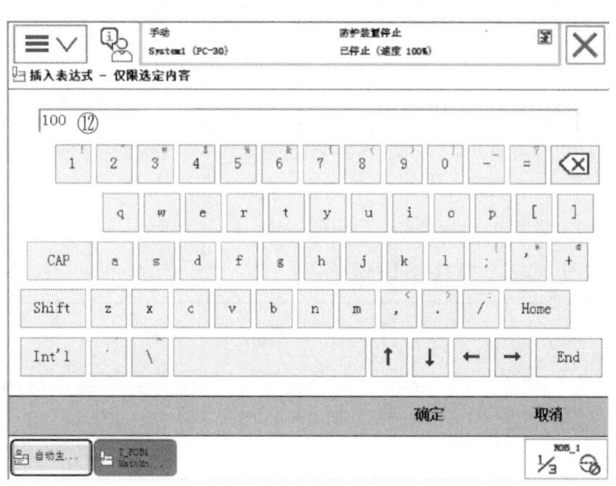	⑫输入基于 p10 点的 X 方向偏移 100mm 数值，然后单击“确定”
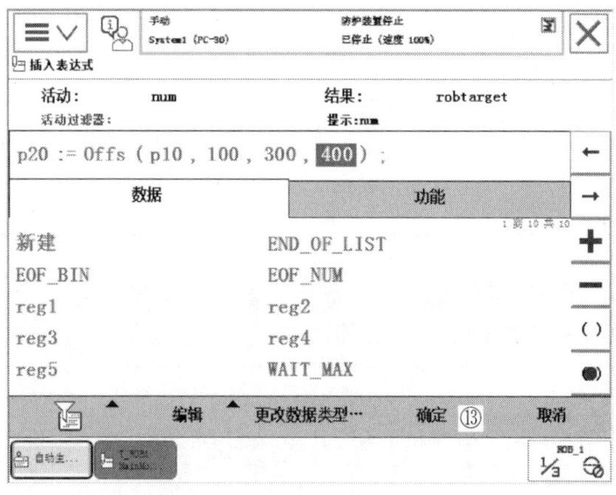	⑬单击“确定”

续表

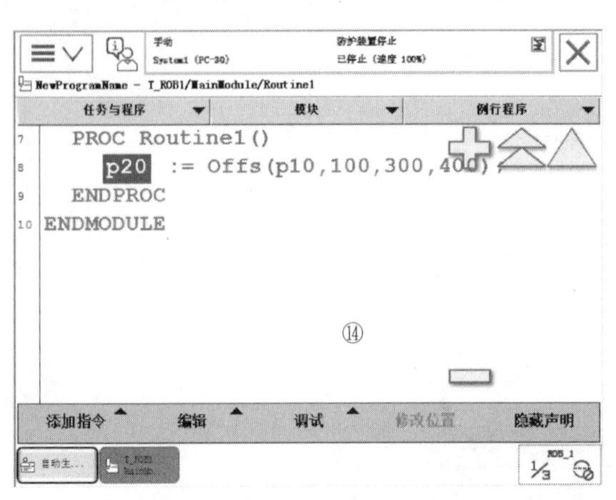	⑭完成

【知识拓展】

1. ABB 标准 I/O 板 DSQC651

DSQC651 板主要提供 8 个数字输入信号、8 个数字输出信号和 2 个模拟输出信号的处理。

（1）模块接口说明（见表 5-18）

表 5-18　DSQC651 模块接口说明

标号	说　　明
A	数字输出信号指示灯
B	X1 数字输出接口
C	X6 模拟输出接口
D	X5 DeviceNet 接口
E	模块状态指示灯
F	X3 数字输入接口
G	数字输入信号指示灯

（2）模块接口连接说明（见表 5-19、表 5-20）

表 5-19　X1、X3 端子连接说明（输入输出端子）

X1 端子			X3 端子		
X1 端子编号	使用定义	地址分配	X3 端子编号	使用定义	地址分配
1	OUTPUT CH1	32	1	INPUT CH1	0
2	OUTPUT CH2	33	2	INPUT CH2	1

续表

X1 端子			X3 端子		
X1 端子编号	使用定义	地址分配	X3 端子编号	使用定义	地址分配
3	OUTPUT CH3	34	3	INPUT CH3	2
4	OUTPUT CH4	35	4	INPUT CH4	3
5	OUTPUT CH5	36	5	INPUT CH5	4
6	OUTPUT CH6	37	6	INPUT CH6	5
7	OUTPUT CH7	38	7	INPUT CH7	6
8	OUTPUT CH8	39	8	INPUT CH8	7
9	0V		9	0V	
10	24V		10	未使用	

表 5-20 X6 端子连接说明

X6 端子编号	使用定义	地址分配	备注
1	未使用		模拟输出的范围：0～10V
2	未使用		
3	未使用		
4	0V		
5	模拟输出 ao1	0～15	
6	模拟输出 ao2	16～31	

注：X5 端子见 DSQC652 表 5-6。

2. ABB 标准 I/O 板 DSQC653

DSQC653 板主要提供 8 个数字输入信号和 8 个数字输出信号的处理。

（1）模块接口说明（见表 5-21）

表 5-21 DSQC653 模块接口说明

标号	说　明
A	数字继电器输出信号指示灯
B	X1 数字继电器输出信号接口
C	X5 是 DeviceNet 接口
D	模板状态指示灯
E	X3 数字输入信号接口
F	数字输入信号指示灯

(2) 模块接口连接说明（见表 5-22）

表 5-22 X1、X3 端子连接说明（输入输出端子）

X1 端子			X3 端子		
X1 端子编号	使用定义	地址分配	X3 端子编号	使用定义	地址分配
1	OUTPUT CH1A	0	1	INPUT CH1	0
2	OUTPUT CH1B		2	INPUT CH2	1
3	OUTPUT CH2A	1	3	INPUT CH3	2
4	OUTPUT CH2B		4	INPUT CH4	3
5	OUTPUT CH3A	2	5	INPUT CH5	4
6	OUTPUT CH3B		6	INPUT CH6	5
7	OUTPUT CH4A	3	7	INPUT CH7	6
8	OUTPUT CH4B		8	INPUT CH8	7
9	OUTPUT CH5A	4	9	0V	
10	OUTPUT CH5B		10～16	未使用	
11	OUTPUT CH6A	5			
12	OUTPUT CH6B				
13	OUTPUT CH7A	6			
14	OUTPUT CH7B				
15	OUTPUT CH8A	7			
16	OUTPUT CH8B				

注：X5 端子见 DSQC652 表 5-6。

3. ABB 标准 I/O 板 DSQC355A

DSQC355A 板主要提供 4 个模拟输入信号和 4 个模拟输出信号的处理。

(1) 模块接口说明（见表 5-23）

表 5-23 DSQC355A 模块接口说明

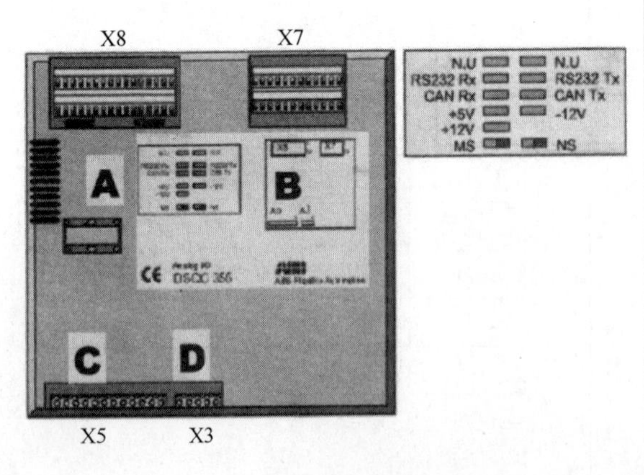

标号	说　明
A	X8 模拟输入端口
B	X7 模拟输出端口
C	X5 是 DeviceNet 接口
D	X3 是供电电源

（2）模块接口连接说明（见表5-24～表5-26）

表 5-24　X3 端子

X3 端子编号	使用定义	X3 端子编号	使用定义
1	未使用	4	0V
2	未使用	5	模拟输出 ao1
3	未使用	6	模拟输出 ao2

表 5-25　X7 端子

X7 端子编号	使用定义	地址分配
1	模拟输出_1，－10V/＋10V	0～15
2	模拟输出_2，－10V/＋10V	16～31
3	模拟输出_3，－10V/＋10V	32～47
4	模拟输出_4,4～20mA	48～63
5～18	未使用	
19	模拟输出_1,0V	
20	模拟输出_2,0V	
21	模拟输出_3,0V	
22	模拟输出_4,0V	
23,24	未使用	

表 5-26　X8 端子

X8 端子编号	使用定义	地址分配
1	模拟输入_1，－10V/＋10V	0～15
2	模拟输入_2，－10V/＋10V	16～31
3	模拟输入_3，－10V/＋10V	32～47
4	模拟输入_4，－10V/＋10V	48～63
5～16	未使用	
17～24	＋24V	
25	模拟输入_1,0V	
26	模拟输入_2,0V	
27	模拟输入_3,0V	
28	模拟输入_4,0V	
29～32	0V	

注：X5 端子见 DSQC652 表 5-6。

4. ABB 标准 I/O 板 DSQC377A

DSQC377A 板主要提供机器人输送链跟踪功能所需的编码器与同步开关信号的处理。

（1）模块接口说明（见表5-27）

（2）模块接口连接说明（见表5-28）

表 5-27 DSQC377A 模块接口说明

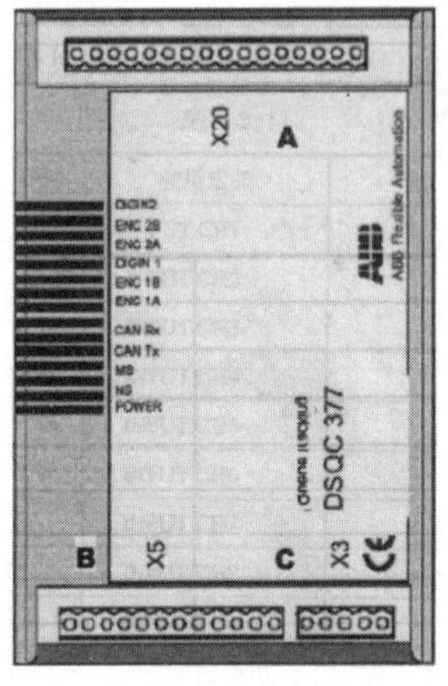

标号	说　　明
A	X20 是编码器与同步开关的端子
B	X5 是 DeviceNet 接口
C	X3 是供电电源

表 5-28 X20 端子

X20 端子编号	使用定义	X20 端子编号	使用定义
1	24V	6	编码器 1,B 相
2	0V	7	数字输入信号 1,24V
3	编码器 1,24V	8	数字输入信号 1,0V
4	编码器 1,0V	9	数字输入信号 1,信号
5	编码器 1,A 相	10～16	未使用

注：X3 端子见 DSQC652 表 5-5，X5 端子见 DSQC652 表 5-6。

【任务实施】

1. 控制要求

在生产实际中，需要工业机器人将圆柱形塑料物料从甲地搬运到乙地（见图 5-4），要求如下。

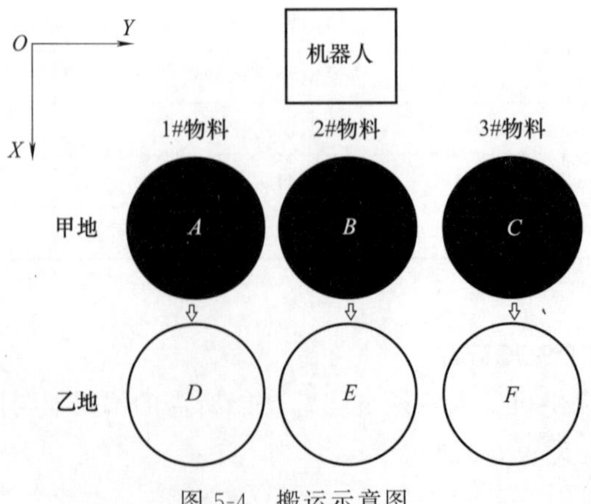

图 5-4 搬运示意图

① 采用真空吸盘。

② 速度为：从甲地搬运物料到乙地的速度为100mm/s，其余速度为200mm/s。

③ 甲地共有三个物料，分别命名为1#物料、2#物料、3#物料，它们的存放点分别命名为*A*点、*B*点、*C*点，乙地对应有三个物料的存放点，分别命名为*D*、*E*、*F*点，甲地每个物料圆柱圆心到乙地存放地圆心的距离相等，均为50mm。

④ 从甲地每搬运完一个物料到乙地需停留2s方可返回，同时，示教器屏幕上要按顺序显示“one”“two”“three”等字符；机器人搬完1#物料后，先回到甲地第一个物料上方10mm停2s，方能左移到2#物料上方10mm，然后搬运，其余类推。

⑤ 吸盘由原点运动到*A*点上方10mm需停留4s，然后再往下运动，吸住物料，并停留4s方可提起物料，其余类推。

⑥ 搬运完3#物料后，机器人直接回到原点，等待下一次搬运指令。

工作任务单见表5-29。

注：只能采用示教器修改甲地1#物料存放点（*A*点）的位置数据以及乙地第一个物料存放点（*D*点）位置数据；甲地1#物料、1#物料的位置，以及乙地第二个物料、第三个物料的存放位置，请采用偏移指令等来完成。

表5-29　工作任务单

工单号：________________　　　　　　　　　　　　　日期：

<table>
<tr><td>工作任务</td><td colspan="3">工业机器人搬运工作站机器人本体程序编写、样机调试</td></tr>
<tr><td>项目负责人</td><td></td><td>项目组成员</td><td></td></tr>
<tr><td>开工时间</td><td></td><td>完工时间</td><td></td></tr>
<tr><td>验收标准</td><td></td><td>运动轨迹</td><td></td></tr>
<tr><td>搬运物品类型</td><td>圆柱形塑料物料</td><td>与外部的设备通信方式</td><td>I/O通信</td></tr>
<tr><td>工装夹具类型</td><td>真空吸盘</td><td>对现场操作人员的要求</td><td>仅需按下启动和停止按钮</td></tr>
<tr><td>控制要求
（篇幅较大时，可用附件说明）</td><td colspan="3">1. 速度要求：每个物料从甲地搬运到乙地的速度为100mm/s，其余速度为200mm/s
2. 吸盘移动流程
(1)搬运1#物料的流程：按下启动按钮→吸盘回原点（如吸盘不在原点，则回到原点再进行下步动作）→A点上方10mm，同时，电磁阀接通吸气→吸盘与1#物料接触，停留4s→机械手提起物料10mm（视实际情况确定）→移动50mm到D点上方10mm，停留4s→吸盘下降将物料放至D点→电磁阀断电，放下物料停留后2s→上升至D上方10mm→移动至原1#物料上方（A点）10mm（此时示教器显示“one”），停留2s→左移到B点上方10mm，停留2s
(2)搬运2#物料和3#物料的过程与搬运1号物料的过程一致
(3)搬运结束后返回原点：在F点放下物料后停留2s→上升至F上方10mm→移动到C点上方10mm（此时示教器显示“three”）→原点，结束本次搬运
(4)停止：搬运一个循环后吸盘返回原点即停止，如果需要再次运行，则需要按下启动按钮
3. 备注
(1)为了方便往后修改搬运参数的需要，只能采用示教器修改原点、甲地1#物料存放点（A点）的位置数据以及乙地第一个物料存放点（D点）位置数据；甲地1#物料、2#物料存放点的位置，以及乙地第二个物料、第三个物料的存放点位置，请采用偏移指令来确定
(2)甲地每个物料圆柱圆心到乙地存放地圆心的距离相等，均为50mm，A→B、B→C、D→E、E→F之间的距离相等，亦为50mm</td></tr>
<tr><td>客户签字</td><td></td><td>日期</td><td></td></tr>
<tr><td>审核</td><td></td><td>日期</td><td></td></tr>
</table>

2. 正确连接机器人 I/O 接口电气线路（见图 5-5）

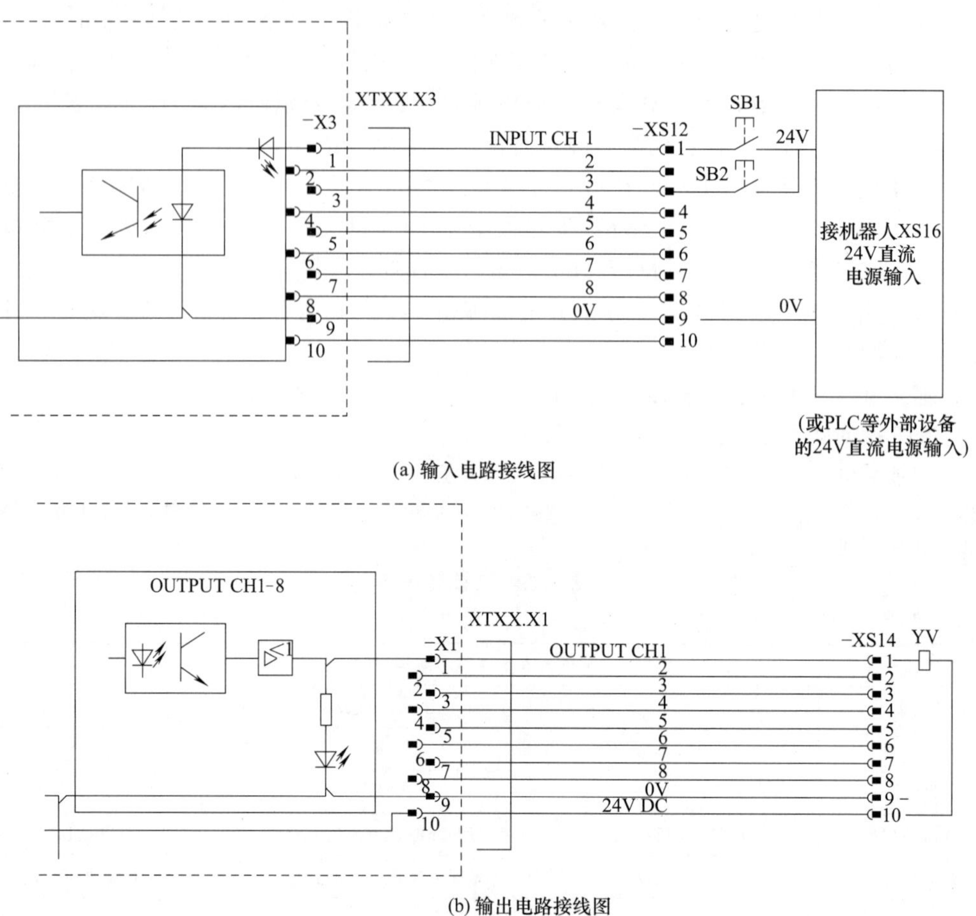

(a) 输入电路接线图

(b) 输出电路接线图

图 5-5 I/O 接线图

3. 确定编程思路

（1）速度要求

每个物料从 A 地搬运到 B 地的速度为 100mm/s，其余速度为 200mm/s。

（2）吸盘移动流程

① 搬运 1＃物料的流程：按下启动按钮→吸盘回原点→A 点上方 10mm，同时，电磁阀接通吸气→吸盘与 1＃物料接触，停留 4s→机械手提起物料 10mm（视实际情况确定）→移动到 D 点上方 10mm，停留 4s→吸盘下降将物料放至 D 点→电磁阀断电（此时示教器显示“one”），放下物料后停留 2s→上升至 A 上方 10mm→移动至原 1＃物料上方 10mm，停留 2s→左移到 B 点上方 10mm，停留 2s。

② 搬运 2＃物料和 3＃物料的过程与搬运 1＃物料的过程一致。

③ 搬运结束后返回原点：在 F 点放下物料后停留 2s→上升至 F 上方 10mm→原点，结束本次搬运。

④ 停止：当按下停止按钮时，设备停止。

4. 设计流程图

在此仅设计出搬运一个物料的流程图（见图 5-6），完整的流程图读者可自行完善。

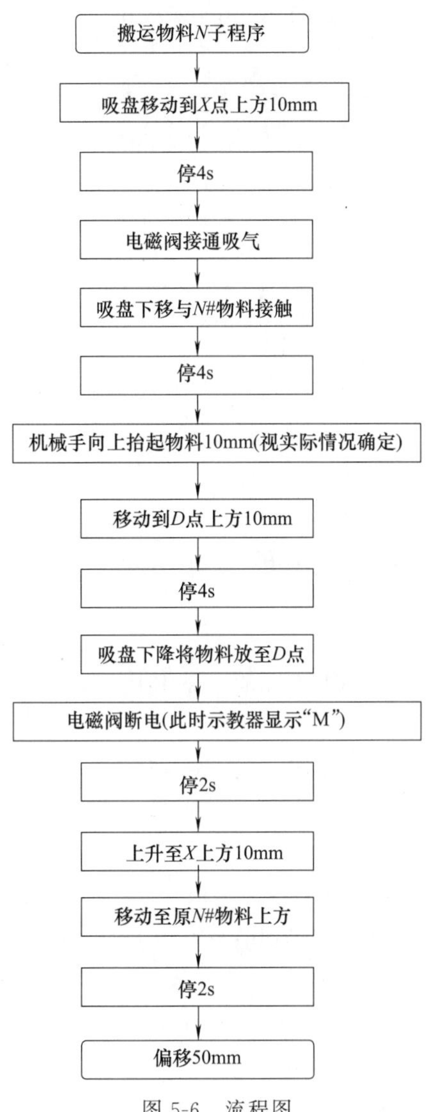

图 5-6　流程图

5. 确定各示教点（见表 5-30）

表 5-30　示教点

序号	点序号	注释	备注
1	pHome	机器人初始位置(原点)	由编程员示教
2	p20	A 点上方 10mm	采用偏移指令确定
3	p30	A 点	由编程员示教，确定位置数据
…	…	…	由指令偏移确定

6. 确定工具坐标等程序数据

请参考相关内容。

7. 编写并使用示教器输入程序

程序样例：

PROC main()　　　　　　　　　　程序解释

```
      MoveJ pHome,v200,z50,tool1\Wobj:=wobj1;          //回到原点
    IF  di1=1 Then                                      //启动按钮闭合
      reg1 := 0;                                        //给 reg1 赋初始值 0
      reg2 := 0;                                        //给 reg2 赋初始值 0
      reg3 := 0;                                        //给 reg3 赋初始值 0
      reg4 := 0;
      Routine1;                                         //执行例行程序 Routine1
    Else
      stop
  ENDPROC
  PROC Routine1()
      P40 := Offs(p30,reg1,reg2,reg3);
      P20 := Offs(p40,0,0,+10);                         //确定 A 点上方 10mm
      MoveJ p20,v200,z10,tool1\Wobj:=wobj1;             //移动到 A 点上方 10mm
      WaitTime 4;                                       //等待 4s
    IF  reg4=0  Then
      MoveL p30,v200,fine,tool1\Wobj:=wobj1;            //移动到 A 点,此处 p30 用于
    Else                                                  A 点的位置数据的确定
      MoveL p40,v200,fine,tool1\Wobj:=wobj1;
      Set  Do1                                          //吸气
      WaitTime 4;                                       //等待 4s
      P50 := Offs(p40,0,0,+10);                         //确定 p50 位置
      MoveL p50,v200,fine,tool1\Wobj:=wobj1;            //1#物料上升 10mm
      P60 := Offs(p50,50,0,0);                          //确定 p60 位置
      MoveJ p60,v200,fine,tool1\Wobj:=wobj1;            //移动 1#物料到 D 点上方
      P70 := Offs(p60,0,0,-10);                         //确定 p70 位置
      MoveL p70,v200,fine,tool1\Wobj:=wobj1;            //移动 1#物料到 D 点
      Rest  Do1;                                        //放下 1#物料
      P80 := Offs(p70,0,0,+10);                         //确定 p80 位置
      MoveJ p80,v200,fine,tool1\Wobj:=wobj1;            //吸盘提升 10mm
      P90 := Offs(p80,-50,0,0);                         //确定 p90 位置
      MoveJ p90,v200,fine,tool1\Wobj:=wobj1;            //移到 A 点上方 10mm
      WaitTime 2;                                       //等待 2s
      reg4 := reg4 + 1;
      Routine2;
  ENDPROC
  PROC Routine2()
      IF reg4 = 1 THEN
        TPWrite "one";
        reg2 := reg2 + 50;
```

```
p100 := Offs(p90,50,0,0);
MoveJ p100,v200,fine,tool1\Wobj:=wobj1;          //左移 50mm
  Routine1;
ENDIF
IF reg4 = 2 THEN
  TPWrite "two";
  reg2 := reg2 + 50;
  Routine1;
ENDIF
IF reg4 =3 THEN
  TPWrite "three";
  MoveJ p10,v1000,z50,tool0;
  Stop;
ENDPROC
```

注：1. 需要对 di2 进行“系统输入输出与 I/O 信号的关联”设置，以便进行停止操作。

2. 移动到 A、B、C 点，当执行移动到 A 点时，因前面已经执行移动到 A 点动作，故此步不会引起机器人的动作，但移动到 B、C 点时，机器人会执行相关动作。

8. 修改各点位置数据

值得注意的是，本任务的示教点仅需要确定 pHome、p30，其余由机器人根据功能“Offs”确定。

9. 调试

调试步骤参考任务三表 3-11。

任务六

工业机器人CNC上下料工作站现场编程

学习目标

1. 能阐述CNC上下料系统的基本构成。
2. 能采用工业机器人中用户坐标系的相关知识来编写程序。
3. 能够正确操作ABB工业机器人。
4. 能够正确了解工业机器人与外部连接电路的相关知识。
5. 能使用指令完成程序的编写并进行调试。

工作任务描述

工业机器人CNC上下料工作站（见图6-1）由数控车床、工业机器人、输送线、仓库、终端执行器等外围设备硬件系统和机器人编程等软件系统组成。在机械行业中它可用于加工工件的搬运、装卸、零部件组装，尤其是在自动化数控机床、组合机床上使用更为普遍，是柔性制造系统（FMS）和柔性制造单元（FMC）中的一个重要组成部分。现整个系统外部设备已安装完毕，要求你根据工作要求，在机器人上编写相关程序，让机器人按照指定的路径运行，完成毛坯的夹取、送料、产品的夹取、码垛等工作。CNC上下料工业机器人项目实施的主要工作流程是：方案设计→设备采购→程序编写→样机试验→现场安装。你的任务：进行程序的编写→样机试运行工作。

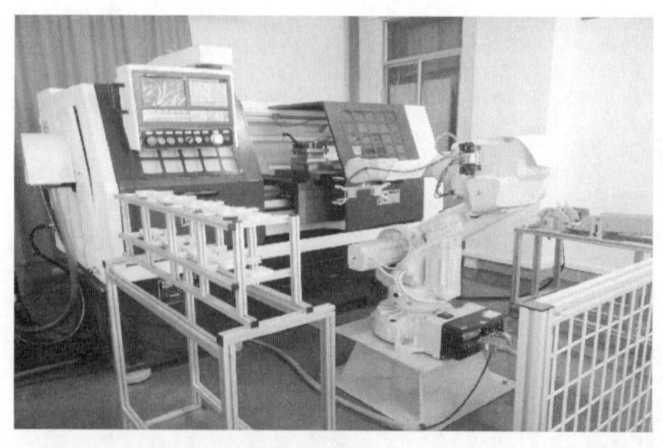

图6-1　工业机器人CNC上下料工作站

【学习准备】

一、数控系统输入输出、工业机器人与 PLC 之间 I/O 信号的关联

（1）工业机器人、数控车床与 PLC 之间的输入信号（见表 6-1）

表 6-1 PLC 输入信号分配表

PLC 输入信号			
名称	PLC 地址	机器人地址	数控车床地址
启动按钮	I0.0		
复位按钮	I0.1		
停止按钮	I0.2		
光幕常开	I0.3		
光幕常闭	I0.4		
原料到位检测	I0.5		
暂停按钮	I0.6		
急停按钮	I0.7		
机器人自动运行状态	I1.0	do00	
机器人电机已上电	I1.1	do01	
机器人令车床主轴卡盘夹紧	I1.2	do02	
机器人令车床主轴卡盘松开	I1.3	do03	
机器人取料完成	I1.4	do04	
上料或取料完成	I1.5	do05	
机器人下料完成	I1.6	do06	
机器人急停输入	I1.7		
车床就绪	I2.0		Y2.2
车床报警	I2.1		Y3.5
车床门开到位	I2.2		Y2.7
车床门关闭到位	I2.3		Y3.3
车床卡盘夹紧状态	I2.4		Y0.6
车床卡盘松开状态	I2.5		Y0.7
车床加工完成	I2.6		Y3.4

（2）工业机器人、数控车床与 PLC 之间的输出信号（见表 6-2）

表 6-2 PLC 输出信号分配表

PLC 输出信号			
名称	PLC 地址	机器人地址	数控车床地址
运行指示灯	Q0.0		
停止指示灯	Q0.1		
报警指示灯	Q0.2		
报警警示	Q0.3		
停止警示	Q0.4		
运行警示	Q0.5		
电机正转	Q0.6		
机器人电机上电	Q0.7	di09	
机器人启动	Q1.0	di01	
机器人暂停	Q1.1	di02	
令机器人取原料	Q1.2	di03	
令机器人上料或下料	Q1.3	di04	
令机器人卸工件	Q1.4	di05	
卡盘夹紧状态	Q1.5	di06	
卡盘松开状态	Q1.6	di07	
系统停止记忆	Q1.7	di08	
车床门打开	Q2.0		X0.7
车床门关闭	Q2.1		X1.0
卡盘松开	Q2.2		X2.4
卡盘夹紧	Q2.3		X2.5
车床加工开始	Q2.4		X1.5
机器人原点位置判断	Q2.5		
机器人电机断电	Q2.6		
机器人从主程序启动	Q2.7		

二、指令讲解

本任务主要讲解例行程序内的逻辑控制。

1. 程序流程指令（GOTO）

GOTO Label：（Label）为程序位置标签（identifier），当前指令必须与指令 Label 同时使用，执行当前指令后，机器人将从相应标签位置 Label 处继续运行程序指令。

指令样例：

IF reg1＞100 GOTO highvalue；

Lowvalue；

…

```
GOTO ready;
Highvalue:
…
Reg1:=1;
next:
Reg1:=reg1+1
IF reg1<=5 GOTO next;
```

指令解释:

如果 reg1>100，机器人将从 highvalue 处继续运行程序指令，同理如果 reg1<100，机器人将从 Lowvalue 处继续运行程序指令。

＊**注意:**

① 只能使用当前指令跳跃至同一例行程序内相应位置标签 Label。

② 如果相应位置标签 label 处于指令 TEST 或 IF 内，相应指令 GOTO 必须同处于相同的判断指令内或其分支内。

③ 如果相应位置标签 Label 处于指令 WHILE 或 FOR 内，相应指令 GOTO 必须同处于相同的循环指令内。

④ 在同一个例行程序内，程序位置标签 Label 的名称必须唯一。

2. **程序流程指令**（TEST）

当前指令通过判断相应数据变量与其所对应的值，控制需要执行的相应指令。

```
TEST Test data
{CASE Test value {, Test value}: …}
[DEFAULT: …]
ENDTEST
```

Test data：判断数据变量（all）

Test value：判断数据值（Same as）

指令样例:

```
TEST reg2            IF reg2=1 THEN
CASE 1:                routine1;
routine1;            ELSEIF reg2=2 THEN
CASE 2:                routine2;
routine2;            ELSEIF reg2=3 THEN
CASE 3:              routine3;
routine3;            ELSEIF reg2=4 OR reg2=5 THEN
CASE 4, 5:             routine4;
routine9;            ELSE
DEFAULT:               Error;
Error;                ENDIF
ENDTEST
```

指令解释:

判断数据变量 reg2 等于 1，与 CASE1 的值相同，然后实行 routine1 的指令程序。

3. 运动设定指令限制

VelSet 指令参数含义见表 6-3。

表 6-3 VelSet 指令参数含义

指令	说　明
VelSet	设定最大的倍率与速度

机器人冷启动，新程序载入与程序重置后，系统自动设置为默认值。机器人运动使用变量 [\ T] 时，最大运行速度将不起作用。Override 对速度数据（speeddata）内所有项都起作用，但对焊接参数 welddata 与 Seamdata 内机器人运行速度不起作用，Max 只对速度数据（speeddata）内 TCP 这项起作用。

指令样例：

Velset 50，800；

Movel p1，v1000，z10，tool1；——500mm/s

Movel p2，v1000 \ V：=2000，z10，tool1；——800mm/s

Movel p2，v1000 \ T：=5，z10，tool1；——10s

指令解释：

设定了 50％的倍率和最大的速度为 800mm/s 的速度，运行程序时，程序中所设的超过 800mm/s 的速度值将不起作用。

4. 输入/输出信号的处理

输入/输出信号的处理、指令参数含义见表 6-4。

表 6-4 输入/输出信号的处理、指令参数含义

项目	指令	说明
对输入/输出信号的值进行设定	PulseDO	数字输出信号进行脉冲输出
读取输入/输出信号值	WaitDI	等待一个数字输入信号的指定状态

① PulseDO 机器人输出数字脉冲信号，一般作为运输链完成信号或计数信号。

格式：PulseDO [\ High]　[\ Plenggh] Signal；

[\ High]：输出脉冲时，输出信号可以处在高电平（switcl）

[\ Plenggh]：脉冲长度，0.1～32s，默认值为 0.2s（num）

Signal：输出信号名称（signaldo）

指令样例：

PulseDO \ PLength：=0.5，DO02；

指令解释：

机器人令车床主轴卡盘夹紧信号 DO02，长度为 0.5s。

② WaitDI Waitdo 指令的使用见任务四。

三、数控机床的开关机

1. 数控车床的开机操作

数控机床的开机和关机看起来是一件非常简单的任务，但是很多潜在的故障都有可能在这个过程中发生。例如，在高温高湿的气候环境中，应检查电气柜中是否有结露的现象。如果发现有结露的迹象，绝对不能打开数控机床的主电源。在结露的状态下开机，可能造成数控机床中的电气部件的损坏。

开机前准备工作如下：机床通电前，操作人员先检查电压、气压、油压是否符合工作要求；检查工作台是否有越位、超极限状态；检查电气元件是否牢固，是否有接线脱落；检查机床可动部分是否处于可正常工作状态；检查机床接地线是否和车间地线可靠连接。已完成开机前的准备工作后方可合上电源总开关。

（1）开机顺序操作

开机时应严格按机床说明书中的开机顺序进行操作，一般顺序如下。

① 首先合上机床总电源开关，再开稳压器、气源等辅助设备电源开关。

② 打开车床控制柜总电源，将机床电气柜开关旋钮转到“ON”，此时，可听到电气柜冷却风扇运转的声音。

③ 接通 NC 电源，按下操作面板上通电按钮“NC 通电”，操作面板上电源指示灯亮，等待 CRT 屏幕位置画面显示，并可听到机床液压泵启动的声音，在位置画面显示前不要动任何按键、按钮。

④ 将紧急停止按钮右旋弹出。

（2）开机后的检查工作

机床通电之后，操作者应做好以下检查工作。

① 检查冷却风扇是否启动，液压系统是否启动。

② 检查操作面板上各指示灯是否正常，各按钮、开关是否正确。

③ 观察显示屏上是否有报警显示，若有，则应及时处理。

④ 观察液压装置的压力表指示是否在正常的范围内。

⑤ 回转刀架是否可靠夹紧，刀具是否有损伤。

2. 数控车床回参考点操作

一般情况下，开机后必须先进行回机床参考点（回零）操作，建立机床坐标系。回零操作过程如下。

① 将模式选择开关选到回零方式上。

② 选择快速移动倍率开关到合适倍率上。

③ 选择回参考点的轴和方向，按“＋X”或“＋Z”键回参考点（依次回原点，先 X 向，再 Z 向回参考点）。

④ 正确的回零结果为面板上该轴回零指示灯亮，或按“POS”键，屏幕显示该向坐标的零坐标值。

3. 数控车床关机操作

工件加工完成后，清理现场，再按与开机相反的顺序依次关闭电源，关机以后必须等待 5min 以上才可以进行再次开机，没有特殊情况不得随意频繁进行开机或关机操作。

对于数控机床关电的一般要求是必须断开伺服驱动系统的使能信号后，才能关闭主电源。大多数数控机床都是利用急停操作来断开伺服驱动器的使能信号。先急停，再断主电源的方法是保险的安全关电方法。使用数控机床时，一定要参阅机床厂提供的技术资料，了解机床对关电的要求。

（1）关机前的准备工作

停止数控车床前，操作者应做好以下检查工作。

① 检查循环情况。控制面板上循环启动的指示灯 LED 熄灭，循环启动应在停止状态。

② 检查可移动部件。车床的所有可移动部件都应处于停止状态。

③ 检查外部设备。如有外部输入/输出设备，应全部关闭。

(2) 关机

关机过程一般为：急停关→操作面板电源关→机床电气柜电源关→总电源关。

【知识拓展】

一、数控车床接口信号

(1) 输入信号（见表 6-5～表 6-7）

表 6-5 输入信号表

已用输入接口		
地址	符号	说　明
X0.1	SP	外接进给暂停信号
X0.2	DIQP	卡盘输入信号
X0.3	DECX(DEC1)	*X* 轴减速信号(来自数控机床 *X* 轴的减速开关)
X0.4	DITW	尾座控制信号
X0.5	ESP	外接急停信号
X1.3	DECZ	*Z* 轴减速信号(来自数控机床 *Z* 轴的减速开关)
X1.4	ST	外接循环启动信号
X1.7	T01	1 号刀位信号(来自数控机床刀架上的霍尔元件感应开关信号)
X2.0	T02	2 号刀位信号(来自数控机床刀架上的霍尔元件感应开关信号)
X2.1	T03	3 号刀位信号(来自数控机床刀架上的霍尔元件感应开关信号)
X2.2	T04	4 号刀位信号(来自数控机床刀架上的霍尔元件感应开关信号)

表 6-6 PLC 读数控车床信号定义表

PLC 读数控车床信号定义表		
内容	说　明	对应航空插针号
COM 公共端		1
车床就绪	数控无系统报警、无急停、处于上料位置、夹具松开状态且数控停止处于工作中	2
车床报警		3
车床门开到位		4
车床门关到位		5
卡盘夹紧状态		6
卡盘松开状态		7
加工完成	1s 脉冲信号	8

表 6-7 PLC 给数控车床信号定义表

PLC 给数控车床信号定义表		
内容	说　明	对应航空插针号
车床门打开	1s 脉冲	9
车床门关闭	1s 脉冲	10
卡盘夹紧	1s 脉冲	12
卡盘松开	1s 脉冲	11
车床加工开始	1s 脉冲信号	13
急停按钮	常闭	14,15
COM 公共端	公共端(数控车床侧接 24V)	16

（2）输出信号（见表 6-8）

表 6-8 输出接口

已用输出接口		
地址	符号	说　明
Y0.0	M08	冷却输出[来自数控系统 CN62(40 针输出接口)的第 1 脚]
Y0.3	M03	主轴顺时针(正转)转动[来自数控系统 CN62(40 针输出接口)的第 4 脚]
Y0.4	M04	主轴反转[来自数控系统 CN62(40 针输出接口)的第 5 脚]
Y1.4	DOQPJ(MB)	卡盘夹具输出[来自数控系统 CN62(40 针输出接口)的第 13 脚]
Y1.5	DOQPS(MB)	卡盘松开输出[来自数控系统 CN62(40 针输出接口)的第 14 脚]
Y1.6	TL+	刀架正转[来自数控系统 CN62(40 针输出接口)的第 15 脚]
Y1.7	TL-	刀架反转[来自数控系统 CN62(40 针输出接口)的第 16 脚]
Y2.3	GLAMP	绿灯[来自数控系统 CN62(40 针输出接口)的第 32 脚]
Y2.4	RLAMP	红灯[来自数控系统 CN62(40 针输出接口)的第 33 脚]
Y2.5	DOTWJ(MB)	尾座进[来自数控系统 CN62(40 针输出接口)的第 34 脚]
Y2.6	DOTWS(MB)	尾座退[来自数控系统 CN62(40 针输出接口)的第 35 脚]

二、PLC 与数控车床信号说明

① 航空插采用 17 针的。

② 数控车床的输出信号加中继继电器隔离给 PLC，中继继电器触点的 COM 公共端和来自 PLC 柜的 0V 相连接。

③ PLC 控制柜输出信号也加了中继继电器隔离给数控车床。

工作过程简述如下。

a. 车床接收到 PLC 门打开命令，打开门，并把门开到位信号发给 PLC。

b. 机器人把工件搬运到车床加工台时，命令车床卡盘夹紧工件。

c. 当车床卡盘工件夹紧完成后，夹紧反馈给 PLC，PLC 命令机器人松开气爪，离开车床工作区域。

d. 当机器人离开车床工作区域时，命令车床开始加工。当车床加工时应能够自动关闭门。

e. 车床加工完成后，门自动打开，等待机器人夹取。

f. 当前机器人夹紧已经加工完成的工件时，命令车床松开卡盘，以便于机器人取走工件。

g. 当在加工过程中出现紧急情况时，急停动作，数控立即停止工作。急停后只能在数控车床侧操作处理。

说明：车床有自动回上料位置（工作原点）键，有夹具紧松键、门开关键。

【任务实施】

图 6-2 工件立体仓库

1. 控制要求

在生产实际中，需要工业机器人将毛坯圆棒工件从送料机上搬到数控车床卡盘上进行加工，加工好再由工业机器人搬到立体仓库（见图 6-2、图 6-3），要求如下。

① 采用夹具抓取手爪。

② 速度为：从机床上搬加工好的工件到工件立体仓库的速度为 100mm/s，其余速度为 200mm/s。

③ 自动送料机处的毛坯件命名为甲地，数控车床卡盘处为乙地，立体仓库为丙地，分两层两列共 4 个存储单元，编号为 0～3，工件立体仓库如图 6-3 所示，仓储单元排列顺序如图 6-4 所示，立体仓库存放工件位置左右上下的距离相等。

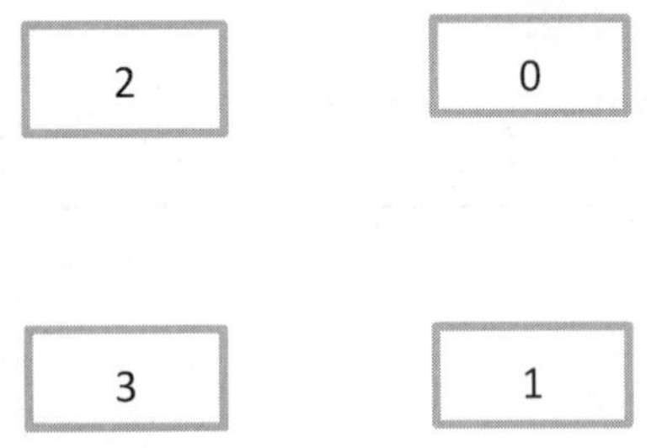

图 6-3 工件立体仓库编号

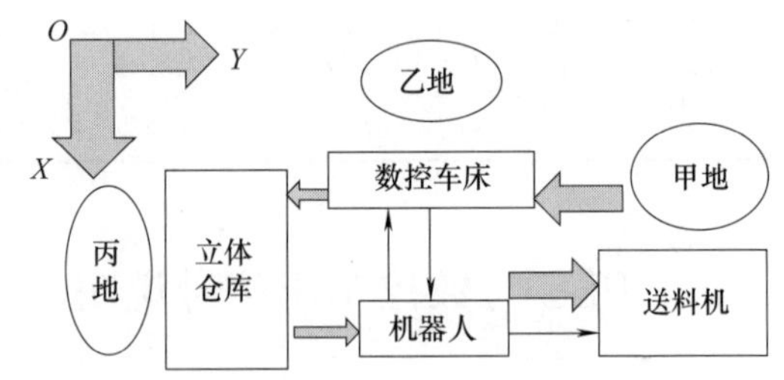

图 6-4 仓储单元排列顺序

④ 从甲地每搬运完一个毛坯料到乙地，需将数控车床卡盘上加工好的工件取出后，再将毛坯工件移到卡盘里，等卡盘夹紧后，方可返回到机器人原始的安全位置，停 3s 后，再将加工好的工件搬到丙地的立体仓库上，并按顺序放到立体仓库中。机器人放好加工工件后，先回到机器人原始的安全位置，再去甲地抓下一个毛坯，抓好后又回到机器人原始的安全位置等待数控车床加工好工件，然后搬运，其余类推。

⑤ 抓取手爪由原点运动到工件上方 10mm 需停留 4s，然后再往下运动，夹住物料，并停留 4s 方可提起物料，其余类推。

⑥ 立体仓库 4 个工件满后，机器人直接回到原点，等待下一次搬运指令。

注：只能采用示教器修改原点、立体仓库丙地第一个工件存放点的位置数据，立体仓库丙地第二个工件、第三个工件、第四个工件的存放点位置，请采用偏移指令来确定。

工作任务单见表 6-9。

表 6-9　工作任务单

工单号：＿＿＿＿＿＿＿＿　　　　　　　　　　　　　日期：

工作任务	工业机器人 CNC 上下料工作站机器人本体程序编写、样机调试		
项目负责人		项目组成员	
开工时间		完工时间	
验收标准		运动轨迹	
搬运的物品类型	圆柱形塑料物料	与外部的设备通信方式	I/O 通信
工装夹具的类型	抓取手爪	对现场操作人员的要求	仅需按下启动按钮
控制要求（篇幅较大时，可用附件说明）	1. 速度要求：每个工件从机床上搬加工好的工件到工件立体仓库的速度为 100mm/s，其余速度为 500mm/s 2. 抓取手爪的移动流程 （1）上下料工件的流程：按下启动按钮→抓取手爪回原点（如果抓取手爪不在原点，则回到原点再进行下步动作）→左爪移到送料机毛坯工件点上方 200mm→往下于毛坯工件直径位置，停留 4s 电磁阀通电夹紧→机械手提起物料 200mm（视实际情况确定）→手爪旋转 180°换右爪→等待送料机搬离信号→右爪取料→去到数控车床位置待数控车床上料请求→右爪上料加工，手爪退出上料位置等待车床换料→右爪取已加工件，左爪取上毛坯料→移动到立体仓库放料→再移动到送料机左爪取工件→回到机床上工件位置等待车床换料请求→换工件（右爪取车床已加工件，左爪上料）→移动到立体仓库放工件→如果系统没有停止命令时，等待送料机取料命令→如此循环直到立体仓库满了有停止信号时才返回工作原点 （2）搬运结束后手爪返回工作原点，结束本次搬运 （3）停止：搬运一个循环 4 个工件后返回原点即停止，如果需要再次运行，则需要按下启动按钮 3. 备注 为了方便往后修改搬运参数的需要，只能采用示教器修改原点、立体仓库丙地第一个工件存放点位置数据；立体仓库丙地第二个工件、第三个工件、第四个工件的存放点位置，请采用偏移指令来确定		
客户签字确认		日期	
审核		日期	

2. 编程思路

（1）速度要求

每个工件从机床上搬加工好的工件到工件立体仓库的速度为 100mm/s，其余速度为 500mm/s。

（2）上下料移动流程

① 按下启动按钮→抓取手爪回原点（如果抓取手爪不在原点，则回到原点再进行下步动作）→左爪移到送料机毛坯工件点上方 200mm→往下于毛坯工件直径位置，停留 4s 电磁阀通电夹紧→机械手提起物料 200mm（视实际情况确定）→手爪旋转 180°换右爪→等待送料机搬离信号→右爪取料→去到数控车床位置待数控车床上料请求→右爪上料加工，手爪退出上料位置等待车床换料→右爪取已加工件，左爪取上毛坯料→移动到立体仓库放料→再移动到送料机左爪取工件→回到机床上工件位置等待车床换料请求→换工件（右爪取车床已加工件，左爪上料）→移动到立体仓库放工件→如果系统没有停止命令时，等待送料机取料命令→如此循环直到立体仓库满了有停止信号时才返回工作原点。

② 搬运第二个工件的过程与搬运第一个工件的过程一致。

③ 搬运 4 个工件结束后返回工作原点，结束本次搬运。

④ 停止：搬运完 4 个工件后返回原点即停止，也可在按下紧急停止按钮后，设备即可停止运行。

3. 设计流程图（见图 6-5～图 6-10）

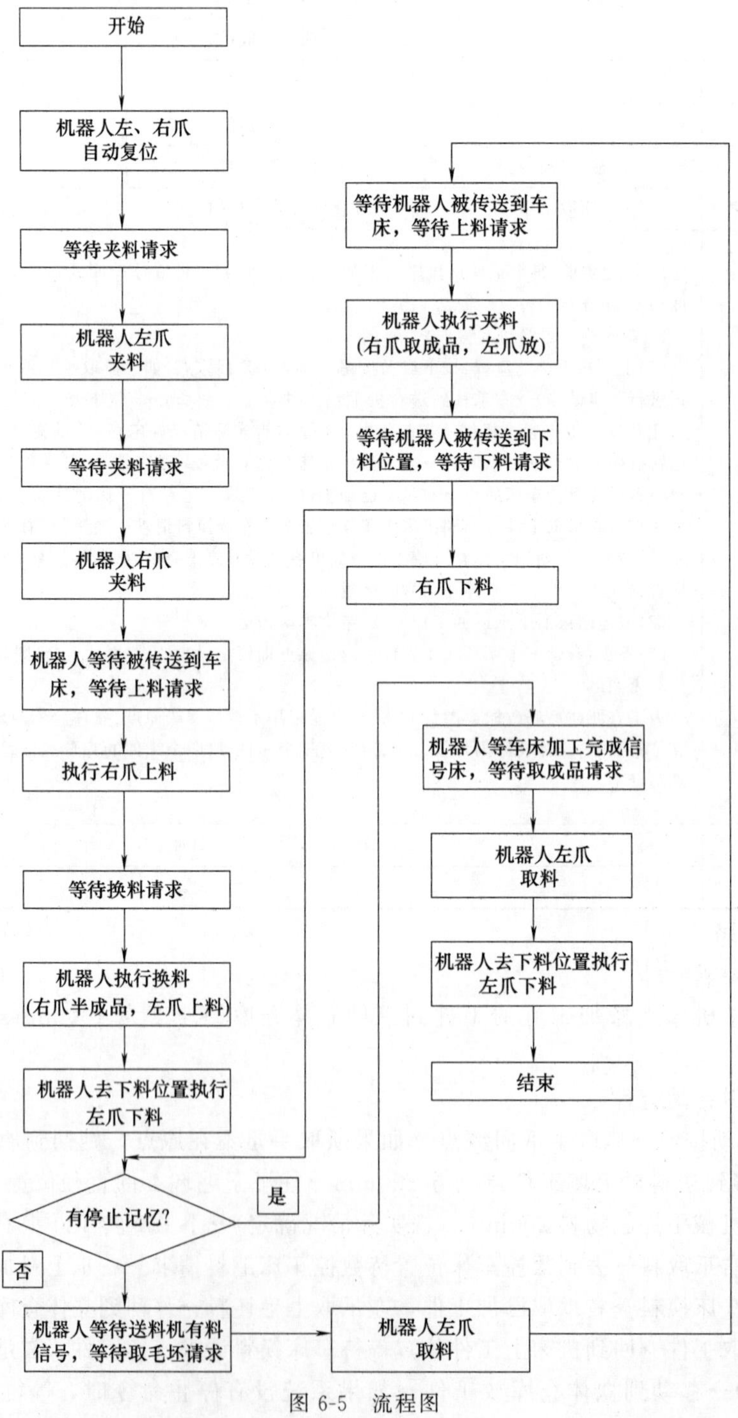

图 6-5 流程图

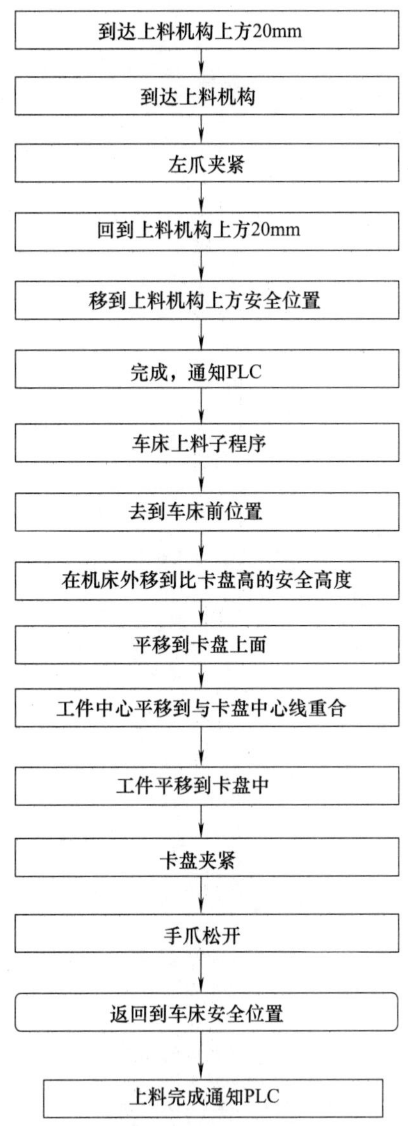

图 6-6　左抓取料流程图

注：右爪与左爪的流程原理是一样，车床上料子程序与车床下料子程序的流程类似。

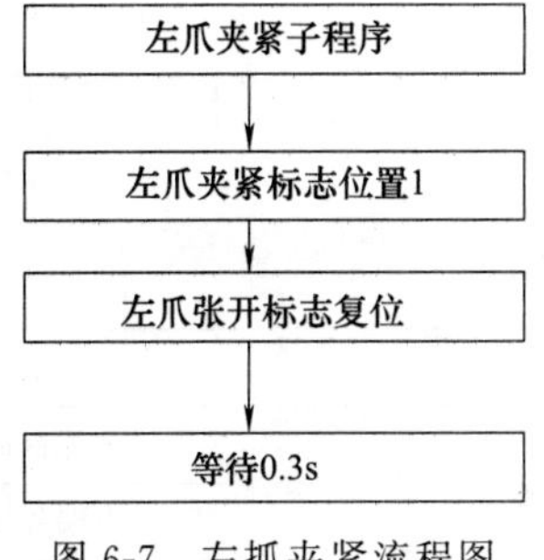

图 6-7　左抓夹紧流程图

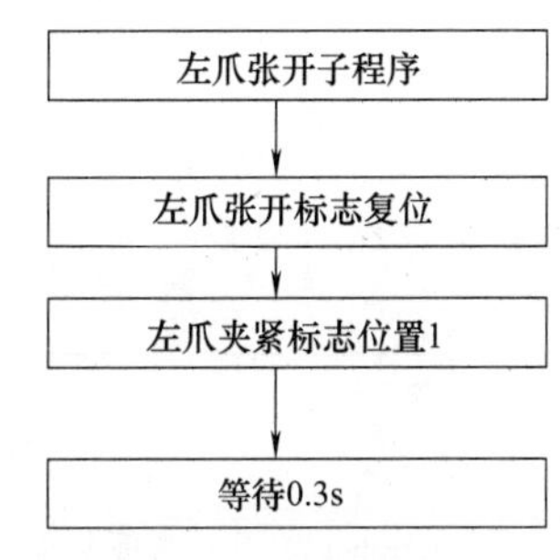

图 6-8　左抓松开流程图

注：右爪张开与夹紧的流程图与左爪的张开与夹紧的流程类似，在此不再累述。

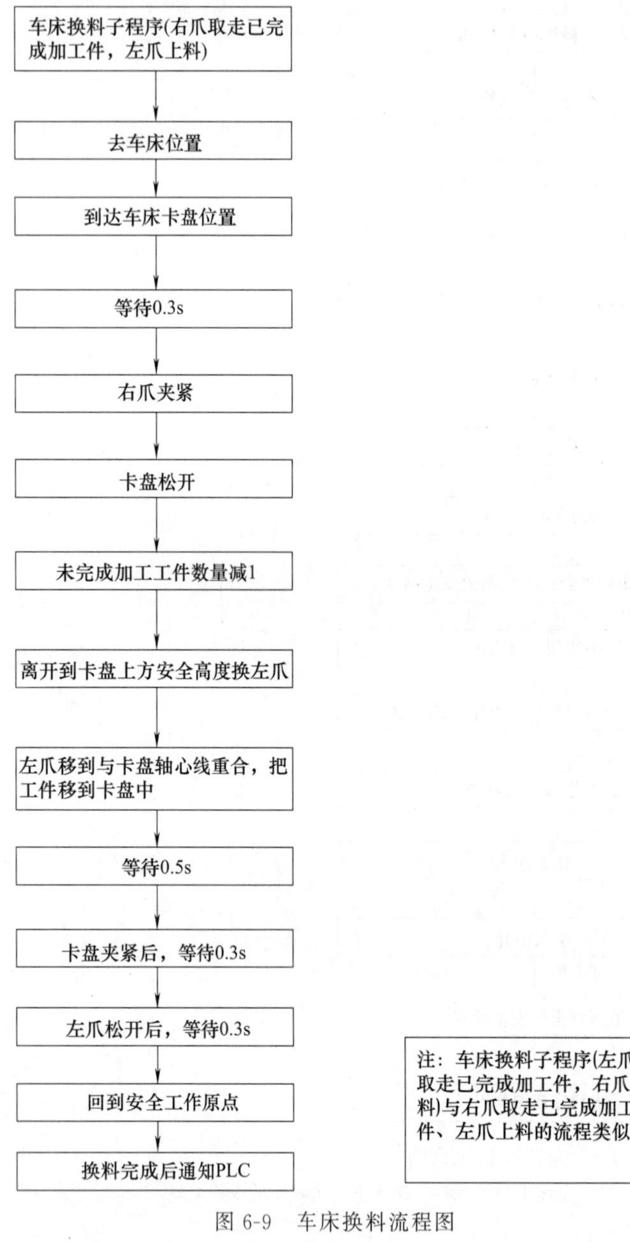

图 6-9 车床换料流程图

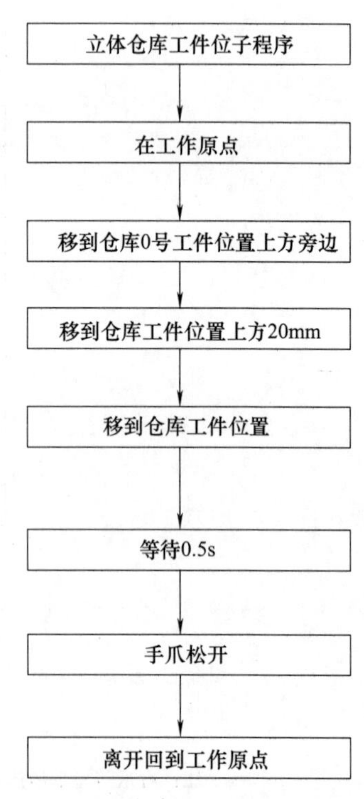

图 6-10 立体仓库 0 号工件流程图

注：立体仓库 1～3 号工件的流程图与 0 号工件类似。

4. **确定各示教点**（见表 6-10）。

表 6-10 示教点

序号	示教点	注　　释	备注
1	pHome	机器人初始位置(原点)	由编程员示教
2	P_L_Gripper	左手抓夹毛坯工件位置	由编程员示教
3	P10	手爪取出送料机转盘位置	偏移指令确定
4	P20	手爪移到 P10 点上方安全高度	由编程员示教

续表

序号	示教点	注　释	备注
5	P30	左爪第六轴旋转位置	由编程员示教
6	P40	右爪第六轴旋转位置	由编程员示教
7	P_R_Gripper	右手抓夹毛坯工件位置	由编程员示教
8	P50	机器人移动安全点	由编程员示教
9	P60	车床上料前安全位置	由编程员示教
10	P70	在车床门外比卡盘高	由编程员示教
11	P80	在车床门外比卡盘高过一个过渡点	由编程员示教
12	P90	在点 P100 上方安全高度	由编程员示教
13	P100	毛坯工件在装夹卡盘中心线	由编程员示教
14	P_lathe_L_Gripper	车床卡盘装夹工件位置	由编程员示教
15	P130	手爪平移离开工件，离开车床罩外	由编程员示教
16	P140	在机床外安全位置	由编程员示教
17	P150	在机床外安全位置与点 P140 一致	由编程员示教
18	P340	向上提一个离车床卡盘安全高度换左爪	由编程员示教
19	P170	换左爪位置	由编程员示教
20	P180	换左爪位置	由编程员示教
21	P550	左爪装夹工件与在卡盘外中心线重合	由编程员示教
22	P_lathe_R_Gripper	左爪装工件在卡盘中的位置	由编程员示教
23	P190	手爪平移离开工件，离开车床罩外	由编程员示教
24	P370	在机床外安全位置	由编程员示教
25	P380	与 P370 位置一样	由编程员示教
26	P390	与 P370 位置一样	由编程员示教
27	P220	与 P390 位置一样	由编程员示教
28	P350	在立体仓库 0 号工件位外	由编程员示教
29	P240	放 0 号工件位置	由编程员示教
30	P400	与 P220 位置一样	由编程员示教
31	P420	到达数控车床门外安全高度	由编程员示教
32	P470	到达数控车床门外安全高度与卡盘中心线平行	由编程员示教
33	P570	抓好工件后从数控车床主轴往尾座方向移动一定安全距离	由编程员示教
34	P580	机械手从主轴往上移一定高度的安全距离	由编程员示教
35	P590	机械爪转 180°	由编程员示教
36	P600	机械手往下移到与卡盘中心线重合	由编程员示教
37	P610	机械手往卡盘移动一定距离，使工件装在卡盘中	由编程员示教
38	P250	卡爪往数控车床门平移安全距离	由编程员示教
39	P630	去 7 号仓库外安全距离	由编程员示教
40	P640	机械手移到 7 号仓库上方安全距离	由编程员示教

续表

序号	示教点	注　释	备注
41	P300	与 P220 位置一样	由编程员示教
42	P120	在数控车床门外安全距离	由编程员示教
43	P310	机械手移到与已加工工件平行	由编程员示教
44	P520	在数控车床门外安全距离	由编程员示教
45	P530	在数控车床门外安全距离	由编程员示教
46	P540	在机器人原始位置	由编程员示教
47	P270	到达仓库外安全距离	由编程员示教

5. 确定工具坐标、工件坐标

请参考相关内容。

6. 编写并使用示教器输入程序

```
  MODULE MainModule
PROC main()
    MoveJ PHome,v1000,fine,tool0;                  //到达工作原点
    VelSet 30,5000;
        rinitialize;                               //初始化子程序
        WaitDI DI02_Reclaime_M,1;                  //等待上料机构搬离请求
        rL_Gripper_M;                              //左爪取料子程序
        rTurn180;                                  //手爪旋转 180°
        MoveJ P40,v100,fine,tool0;
        WaitDI DI02_Reclaime_M,1;                  //等待上料机构搬离请求
        rR_Gripper_M;                              //右爪取料子程序
        MoveJ P50,v500,z10,tool0;                  //去车床位置
        MoveJ P60,v500,fine,tool0;
        WaitDI DI03_FeedReclaime,1;                //等待车床上料请求
        rfeed;                                     //上料子程序(实行右爪上料)
        MoveL P150,v100,fine,tool0;
    L1:
        WaitDI DI03_FeedReclaime,1;                //等待车床换料请求
        rL_Reclaimer_R_Feed;                       //调用换料子程序(右爪取已加工
                                                     件,左爪上料)
      TEST processed_M_Number                      //到卸料槽卸料
      CASE 0:
        processed_M_Number0;
      CASE 2:
    processed_M_Number2;
     ENDTEST
     processed_M_Number:=processed_M_Number+1;
```

```
IF  DI07_SYS_StopM = 0 AND processed_M_Number < 3  THEN
  WaitDI DI02_Reclaime_M,1;                        //如果系统没有停止命令和工件
                                                     数小于 3 时候,等待上料机构
                                                     取料命令
   rL_Gripper_M;                                   //左爪取料子程序
   PulseDO\PLength:=0.5,DO04_M_Reclaimed;          //取料完成通知 PLC
   MoveJ P50,v500,z10,tool0;
   MoveJ P60,v500,z10,tool0;
   MoveL P220,v500,z10,tool0;
   MoveJ P400,v500,fine,tool0;
   WaitDI DI03_FeedReclaime,1;                     //等待车床换料请求
   rR_Reclaimer_L_Feed;                            //换料(右爪取车床已加工件,左
                                                     爪上料)
   PulseDO\PLength:=0.5,DO05_FedReclaimed;         //换料完成通知 PLC
   TEST processed_M_Number                         //(去卸料槽卸料)
   CASE 1:
   processed_M_Number1;
     ENDTEST
  processed_M_Number:=processed_M_Number+1;
  ELSEIF  DI07_SYS_StopM=1  THEN                   //系统有停止命令
  MoveJ P220,v500,fine,tool0;
  PulseDO\PLength:=0.5,DO04_M_Reclaimed;
  MoveJ P300,v100,fine,tool0;                      //去车床位置
  WaitDI DI03_FeedReclaime,1;                      //等待车床已加工件下料请求
   rReclaimer;                                     //车床已加工件下料子程序
  TEST processed_M_Number                          //(去卸料槽卸料)
   CASE 1:
     processed_M_Number1;
   CASE 3:
     processed_M_Number3;
   ENDTEST
  MoveJ Phome,v500,fine,tool0;                     //返回到工作原点
  Stop;                                            //停止
    endif
 IF processed_M_Number<3  THEN
 MoveJ P220,v500,fine,tool0;
 WaitDI DI02_Reclaime_M,1;
 MoveJ P640,v500,z10,tool0;
 MoveJ P630,v500,z10,tool0;
 rL_Gripper_M;                                     //左爪取料子程序
```

```
    PulseDO\PLength:=0.5,DO04_M_Reclaimed;    //取料完成通知PLC
    MoveJ P630,v500,z10,tool0;
    MoveJ P640,v500,z10,tool0;
    MoveL P150,v500,fine,tool0;
    GOTO L1;
    ELSE                                      //系统有停止命令
    PulseDO\PLength:=0.5,DO04_M_Reclaimed;    //取料完成通知PLC
    WaitDI DI03_FeedReclaime,1;               //等待车床换料请求
    rReclaimer;                               //车床已加工件下料子程序
    PulseDO\PLength:=0.5,DO05_FedReclaimed;   //换料完成通知PLC
    processed_M_Number3;                      //去卸料槽卸料
    MoveJ Phome,v500,fine,tool0;              //返回到工作原点
    Stop;                                     //停止
    ENDIF
   ENDPROC

PROC rinitialize()                            //初始化子程序
Reset DO02_ChuckClose;                        //液压卡盘夹紧命令复位
Reset DO03_ChuckOpen;                         //液压卡盘松开命令复位
Reset DO04_M_Reclaimed;                       //取料已经完成信号输出复位
Reset DO05_FedReclaimed;                      //换料已完成信号输出复位
Reset DO06_unloaded;                          //卸载已完成输出信号复位
Reset DO08_L_GripperClose;                    //左爪夹紧命令复位
Reset DO09_L_GripperOpen;                     //左爪张开命令复位
Reset DO10_R_GripperClose;                    //右爪夹紧命令复位
Reset DO11_R_GripperOpen;                     //右爪松开命令复位
Unprocessed_M_Number:=0;                      //未完成加工工件数量置零
processed_M_Number:=0;                        //完成加工工件数量置零
rL_GripperOpen;                               //左爪张开子程序
rR_GripperOpen;                               //右爪张开子程序
    ENDPROC

PROC processed_M_Number0()                    //仓库完成加工工件位置0
MoveJ P220,v500,z20,tool0;                    //在机床外面安全位置
  MoveJ P350,v500,z20,tool0;                  //到仓库外安全位置
MoveJ offs(P240,0,0,200),v500,Z20,tool0;      //在0号工件位置上方200mm
MoveL P240,v200,fine,tool0;                   //到0号工件位置
WaitTime 0.5;                                 //等待0.5s
rR_GripperOpen;                               //右爪张开子程序
MoveJ Offs(P240,0,-100,0),v500,z0,tool0;      //往Y方向偏移100mm
```

```
MoveJ Offs(P240,0,-100,200),v500,z0,tool0;          //往 Z 方向提 200mm
PulseDO\PLength:=0.5,DO06_unloaded;                 //卸料完成通知 PLC
MoveJ P350,v500,z20,tool0;                          //回到仓库外安全位置
MoveJ P220,v500,fine,tool0;                         //回到机床外面安全位置
ENDPROC
PROC processed_M_Number1()
MoveL P270,v500,z20,tool0;
  MoveJ P290,v500,z20,tool0;
  MoveL P620,v500,z20,tool0;
  MoveJ Offs(P280,0,0,50),v500,z20,tool0;
  MoveL P280,v500,fine,tool0;
  WaitTime 0.5;
  rR_GripperOpen;
  MoveL Offs(P280,0,-100,0),v500,z0,tool0;
  MoveL Offs(P280,0,-100,200),v500,z0,tool0;
  PulseDO\PLength:=0.5,DO06_unloaded;
  MoveJ P290,v500,z20,tool0;
  MoveJ P300,v500,fine,tool0;
  ENDPROC
  PROC processed_M_Number2()
      MoveJ P220,v500,z20,tool0;
        MoveJ offs(P350,-220,0,0),v500,z20,tool0;
        MoveJ offs(P240,-220,0,200),v500,Z20,tool0;
        MoveL offs(P240,-220,0,0),v500,fine,tool0;
        WaitTime 0.5;
        rR_GripperOpen;
        MoveJ Offs(P240,-220,-100,0),v500,z0,tool0;
        MoveJ Offs(P240,-220,-100,200),v500,z0,tool0;
        PulseDO\PLength:=0.5,DO06_unloaded;
        MoveJ offs(P350,-220,0,0),v500,z20,tool0;
        MoveJ P220,v500,fine,tool0;
  ENDPROC
  PROC processed_M_Number3()
       MoveL P270,v100,z20,tool0;
           MoveJ Offs(P290,-220,0,0),v500,z20,tool0;
           MoveL Offs(P620,-220,0,0),v500,z20,tool0;
           MoveJ Offs(P280,-220,0,50),v500,z20,tool0;
           MoveL Offs(P280,-220,0,0),v500,fine,tool0;
           WaitTime 0.5;
           rR_GripperOpen;
```

```
        MoveL Offs(P280,-220,-100,0),v500,z0,tool0;
        MoveL Offs(P280,-220,-100,200),v500,z0,tool0;
        PulseDO\PLength:=0.5,DO06_unloaded;
        MoveJ Offs(P290,-220,0,0),v500,z20,tool0;
        MoveJ P300,v500,fine,tool0;
ENDPROC

  PROC rL_Gripper_M()                                  //左爪取料子程序
      MoveJ P_Grpper,v500,z20,tool0;                   //到达上料机构
      MoveL offs(P_L_Gripper,0,0,100),v500,z20,tool0;
      MoveL P_L_Gripper,v500,fine,tool0;
  rL_GripperClose;                                     //左爪夹紧子程序
  ! Rise 100                                           //提示 100mm
  MoveL Offs(P_L_Gripper,0,0,30),v500,z0,tool0;
  MoveL P10,v500,z10,tool0;
  MoveL P20,v500,z0,tool0;
  PulseDO\PLength:=0.5,DO04_M_Reclaimed;  //完成,通知 PLC
Unprocessed_M_Number:=Unprocessed_M_Number+1 //未完成加工工件数量加 1
  ENDPROC
 PROC rR_Gripper_M()                                   //右爪取料子程序
 MoveL Offs(P_R_Gripper,0,0,100),v500,z20,tool0;  //到达上料机构
 MoveL P_R_Gripper,v500,fine,tool0;
 rR_GripperClose;                                      //右爪夹紧子程序
 ! Rise 100                                            //提升 100mm
 MoveL Offs(P_R_Gripper,0,0,30),v500,z0,tool0;
 MoveL P30,v500,z10,tool0;                             //提升 100mm
 MoveL P40,v500,z10,tool0;
 PulseDO\PLength:=0.5,DO04_M_Reclaimed;                //完成,通知 PLC
Unprocessed_M_Number:=Unprocessed_M_Number+1;//未完成加工工件数量加 1
  ENDPROC
 PROC rfeed()                                          //车床上料子程序
      MoveL P70,v500,z0,tool0;                         //到达车床位置
      MoveL P80,v500,z0,tool0;
      MoveJ P90,v500,z0,tool0;
      MoveL P100,v500,z0,tool0;
      MoveL P_Lathe_L_Gripper,v500,fine,tool0;
      PulseDO\PLength:=0.5,DO02_ChuckClose;  //卡盘夹紧
      WaitDI DI05_ChuckClosed,1;                       //等待卡盘夹紧
    WaitTime 0.5;
      rR_GripperOpen;                                  //右爪打开
```

```
    MoveL P130,v500,z0,tool0;                    //离开
    MoveJ P140,v500,z0,tool0;
    MoveL P150,v500,fine,tool0;
      PulseDO\PLength:=0.5,DO05_FedReclaimed;//上料完成通知 PLC
  ENDPROC

  PROC rL_GripperClose()                         //左爪夹紧子程序
      Reset DO09_L_GripperOpen;
      PulseDO\PLength:=0.3,DO08_L_GripperClose;
      WaitTime 0.3;
      L_GripperClose:=TRUE;                      //左爪夹紧标志位置 1
      L_GripperOpen:=FALSE;                      //左爪张开标志位复位
  ENDPROC

    PROC rL_GripperOpen()                        //左爪张开子程序
      Reset DO08_L_GripperClose;
      PulseDO\PLength:=0.3,DO09_L_GripperOpen;
      WaitTime 0.3;
      L_GripperClose:=FALSE;                     //左爪夹紧标志复位
      L_GripperOpen:=TRUE;                       //左爪张开标志位置 1
  ENDPROC

  PROC rR_GripperClose()                         //右爪夹紧子程序
      Reset DO11_R_GripperOpen;
      PulseDO\PLength:=0.5,DO10_R_GripperClose;
      WaitTime 0.5;
      R_GripperClose:=TRUE;                      //右爪夹紧标志位置 1
      R_GripperOpen:=FALSE;                      //右爪张开标志位复位
  ENDPROC

  PROC rR_GripperOpen()                          //右爪张开子程序
      Reset DO10_R_GripperClose;
      PulseDO\PLength:=0.5,DO11_R_GripperOpen;
      WaitTime 0.5;
      R_GripperClose:=FALSE;                     //右爪夹紧标志复位
      R_GripperOpen:=TRUE;                       //右爪张开标志位置 1
  ENDPROC

PROC rL_Reclaimer_R_Feed()                       //车床换料子程序(左爪取走已
                                                   完成加工件,右爪上料)
```

```
        MoveL P150,v500,fine,tool0;                    //去车床位置
        Movel P140,v500,z0,tool0;
        MoveL P130,v500,z0,tool0;
        MoveL P_Lathe_L_Gripper,v500,fine,tool0;       //到达车床卡盘位置
        WaitTime 0.3;
         rR_GripperClose;                              //右爪夹紧子程序
         PulseDO\PLength:=0.5,DO03_ChuckOpen;          //卡盘松开
          WaitDI DI06_ChuckOpened,1;                   //等待卡盘松开
    WaitTime 0.3;
    Unprocessed_M_Number:=Unprocessed_M_Number-1;//未完成加工工件数量减1
         MoveL P100,v500,z0,tool0;                     //离开
         MoveL P340,v500,z0,tool0;
         MoveJ P170,v500,z0,tool0;
         MoveJ P180,v500,z0,tool0;
         MoveL P550,v500,z0,tool0;
         Movel P_Lathe_R_Gripper,v500,fine,tool0;
         WaitTime 0.5;
         PulseDO\PLength:=0.5,DO02_ChuckClose;         //卡盘夹紧
         WaitDI DI05_ChuckClosed,1;                    //等待卡盘夹紧
         WaitTime 0.3;
         rL_GripperOpen;                               //左爪张开子程序
         WaitTime 0.2;
         MoveL P190,v500,z0,tool0;                     //离开
         MoveJ P370,v500,z0,tool0;
         MoveJ P380,v500,z0,tool0;
         MoveL P390,v500,fine,tool0;
         PulseDO\PLength:=0.5,DO05_FedReclaimed;//换料完成后通知PLC
      ENDPROC
    PROC rR_Reclaimer_L_Feed()                         //车床换料子程序(右爪取走已完
                                                         成加工件,左爪上料)
         MoveJ P400,v500,z0,tool0;                     //去车床位置
         MoveL P420,v500,z0,tool0;
         MoveL P470,v500,z0,tool0;
         Movel P_Lathe_L_Gripper,v500,fine,tool0;      //到达车床卡盘位置
       WaitTime 0.5;
         rR_GripperClose;                              //右爪夹紧子程序
         PulseDO\PLength:=0.5,DO03_ChuckOpen;          //卡盘松开
          WaitDI DI06_ChuckOpened,1;                   //等待卡盘松开
       WaitTime 0.3;
    Unprocessed_M_Number:=Unprocessed_M_Number-1;//未完成加工工件数量减1
```

```
    MoveL P570,v500,z0,tool0;
    MoveL P580,v500,z0,tool0;
    MoveJ P590,v500,z0,tool0;
    MoveJ P600,v500,z0,tool0;
    MoveL P610,v500,z0,tool0;
    MoveJ P_Lathe_R_Gripper,v500,fine,tool0;
    WaitTime 0.5;
    PulseDO\PLength:=0.5,DO02_ChuckClose;    //卡盘夹紧
    WaitDI DI05_ChuckClosed,1;               //等待卡盘夹紧
    WaitTime 0.5;
    rL_GripperOpen;                          //左爪张开子程序
    WaitTime 0.5;
    MoveL P250,v500,fine,tool0;              //离开
    PulseDO\PLength:=0.5,DO05_FedReclaimed;//换料完成后通知 PLC
  ENDPROC

  PROC rReclaimer()                          //车床下料子程序
    MoveL P300,v500,fine,tool0;              //去车床位置
    MoveL P120,v500,z0,tool0;
    MoveJ P310,v500,z0,tool0;
    MoveL P_Lathe_L_Gripper,v500,fine,tool0;//到达车床卡盘位置
    rR_GripperClose;                         //右爪夹紧子程序
    PulseDO\PLength:=0.5,DO03_ChuckOpen;     //卡盘松开
    WaitDI DI06_ChuckOpened,1;               //等待卡盘松开
    !number of Unprocessed Material Minus 1
    WaitTime 0.2;
Unprocessed_M_Number:=Unprocessed_M_Number-1;//未完成加工工件数量减 1
    MoveL P100,v500,z0,tool0;                //离开卡盘中心向右平移安全
                                               位置
    MoveL P520,v500,z0,tool0;
    MoveL P530,v500,z0,tool0;
    MoveL P540,v500,z20,tool0;
  ENDPROC

    PROC rTurn180()                          //旋转 180°子程序
    VAR jointtarget Conversion_CALC;
    Conversion_CALC:=CALCJOINTT(P10,Tool:=tool0\WObj:=wobj0);
    Conversion_CALC.robax.rax_6:=Conversion_CALC.robax.rax_6-180;
                                             //旋转 180°
    P30:=CALCROBT(Conversion_CALC,Tool:=tool0\WObj:=wobj0);
```

```
        Conversion_CALC:=CALCJOINTT(P20,Tool:=tool0\WObj:=wobj0);
        Conversion_CALC.robax.rax_6:=Conversion_CALC.robax.rax_6-180;
        P40:=CALCROBT(Conversion_CALC,Tool:=tool0\WObj:=wobj0);
        P40.trans.X:= P40.trans.X;
        P40.trans.y:= P40.trans.y+2;
        Conversion_CALC:=CALCJOINTT (P_L_Gripper,Tool :=tool0\WObj:=wobj0);
        Conversion_CALC.robax.rax_6:=Conversion_CALC.robax.rax_6-180;
        P_R_Gripper:=CALCROBT(Conversion_CALC,Tool :=tool0\WObj:=wobj0);
        P_R_Gripper.trans.X:= P_R_Gripper.trans.X;
        P_R_Gripper.trans.y:= P_R_Gripper.trans.y+2;
    ENDPROC
ENDMODULE
```

如在输入程序时，对没有学习过的指令存在疑惑时，请查看相关资料，本任务的难点在于如何使用偏移指令进行编程。

7. 修改各点位置数据

值得注意的是，本任务的示教点需要确定表 6-3 中的示教点，其余由机器人根据功能“Offs”确定。

8. 调试

调试步骤参考任务三表 3-11。

参考文献

[1] 叶辉，管小清. 工业机器人实操与应用技巧 [M]. 北京：机械工业出版社，2010.

[2] 叶辉. 工业机器人工程应用虚拟仿真教程 [M]. 北京：机械工业出版社，2013.

[3] 王亮亮. 全国工业机器人技术应用技能大赛备赛指导 [M]. 北京：机械工业出版社，2017.

[4] 张明文. 工业机器人编程及操作（ABB机器人）[M]. 哈尔滨：哈尔滨工业大学出版社，2017.

[5] 廖常初. PLC编程及应用 [M]. 3版. 北京：机械工业出版社，2008.